高职高专产教融合艺术设计系列教材

U0181661

居住空间设计

李梦玲 / 编著

清华大学出版社

北 京

内 容 简 介

本书的编写以工学结合为基点,遵循以工作过程为导向、以典型工作任务为载体,采取工作过程系统化的结构体系。全书共包括 6 章,分别是居住空间设计认知、设计与施工项目洽谈沟通、资料收集与现场勘测、居住空间设计要素、居住空间功能单元设计、设计施工与实践。每章的学习内容紧密结合职业岗位的工作内容,目的是培养学生完成职业岗位工作所需要的知识、能力与素质,即通过学习工作过程性知识建构学生的专业能力、社会能力和可持续发展能力。

本书适用的高职高专类专业有环境艺术设计、室内设计、建筑室内设计、建筑装饰工程技术等,也可供家装设计领域的相关人员使用。

图书在版编目(CIP)数据

居住空间设计/李梦玲编著. —北京:清华大学出版社,2021.2
高职高专产教融合艺术设计系列教材
ISBN 978-7-302-56344-0

Ⅰ. ①居…　Ⅱ. ①李…　Ⅲ. ①住宅—室内装饰设计—高等职业教育—教材　Ⅳ. ①TU241

中国版本图书馆 CIP 数据核字(2020)第 167349 号

责任编辑:张龙卿
封面设计:别志刚
责任校对:刘　静
责任印制:杨　艳

出版发行:清华大学出版社
　　　　网　　　址:http://www.tup.com.cn,http://www.wqbook.com
　　　　地　　　址:北京清华大学学研大厦 A 座　　　　邮　　编:100084
　　　　社 总 机:010-62770175　　　　邮　　购:010-62786544
　　　　投稿与读者服务:010-62776969,c-service@tup.tsinghua.edu.cn
　　　　质量反馈:010-62772015,zhiliang@tup.tsinghua.edu.cn
　　　　课件下载:http://www.tup.com.cn,010-83470410
印 装 者:三河市铭诚印务有限公司
经　　销:全国新华书店
开　　本:210mm×285mm　　　　印　　张:7　　　　字　　数:194 千字
版　　次:2021 年 2 月第 1 版　　　　印　　次:2021 年 2 月第 1 次印刷
定　　价:69.00 元

产品编号:084915-01

前　言

近几年来，我国住宅房地产业空前繁荣发展的同时也带动了室内装饰行业的发展。伴随着人们经济生活水平的不断提高，"衣食足而知礼仪"的现代中国人对居住空间的认识已不仅仅是人类赖以生存和精神寄托的载体及生命的摇篮。作为人类重要的生存空间，人们已赋予它新的内涵——一个充满欢乐祥和、温馨情感而又富于艺术品位、优雅的人文空间。

居住空间设计是我国高职高专院校环境艺术设计、室内设计等专业的一门核心课程。本书的编写既考虑课程知识的融会贯通，也考虑高等职业教育工学结合的特点。全书分为 6 章，每章的学习内容紧密结合职业岗位的工作内容，以立足于培养发展型、复合型、创新型技术技能人才为目标。本书的编写力求凸显以下特色。

（1）遵循以工作过程为导向的开发思路。在掌握本书每个情境技能的同时，对实际岗位中的工作过程了然于心，通过学习工作过程性知识建构学生的专业能力、社会能力和可持续发展能力。

（2）以职业世界的工作过程为依据设计教材的知识和技能体系。本书按照"项目贯穿，任务分解"的原则设计教材的结构，以完成学习领域工作任务的前后关系来对章节内容进行排序，并按照循序渐进、承前启后的关系共同完成岗位工作任务。

（3）以培养学生创新能力为依据设计教材的内容，及时反映当下行业最新资讯，将新理念、新材料、新技术贯穿全书，特别是对项目载体的选择与社会实践中的生产过程有直接的关系，并具有典型性和可操作性。

居住空间设计

居住空间设计

　　本书属于校企合作开发的教材,在编写过程中得到了近十家实力雄厚的室内装饰企业的鼎力相助,从而使本书更好地实现岗位对接,体现了高职高专教材的普适性和特色性。

　　由于本书所涵盖的范围较广,不足之处在所难免,希望相关专家和同行提出宝贵意见,以便能让本书更加臻于完善,给学习者带来更多的帮助。

编　者
2020年5月

居住空间设计

目　　录

居住空间设计

第5章　居住空间功能单元设计

第6章 设计施工与实践

参考文献

目 录

v

第1章　居住空间设计认知

居住空间是人们赖以生存的生活空间,对人来说具有十分重要的意义。人的一生,至少有二分之一的时间是在家庭居室中度过的,因此,居住环境的优劣直接影响到人的生存质量。日本现代建筑大师安藤忠雄认为:"一个好的家,是生活的真实反映,当你回家的时候,家的安静感觉能触动人类心灵的深处。"

1.1　居住空间设计的概念

居住空间一般由客厅、卧室、餐厅、书房、厨房、卫生间等不同性质的空间组成。居住空间设计是对上述家居室内空间及其周边环境进行改善、美化的创造性艺术表现,其目的是为人创造安全、舒适、宜人和富有美感的室内环境。因此,在居住空间设计中要体现"以人为本"的现代设计理念,遵守"安全、健康、适用、美观"的设计原则。通过强调空间处理、功能布局、装饰风格及材料的运用,满足人们生理、心理需求,针对不同家庭人口构成、职业性质、文化生活和业余爱好以及个人生活情趣等特点,设计具有时代特色和个性风格的家居环境(图 1-1)。

☝ 图 1-1　居住空间是人类心灵的港湾

1.2 居住空间设计的发展趋势

著名建筑大师梁思成说过："建筑是凝固的音乐，音乐是流动的建筑。"说明建筑物可以像音乐一样给人以美的感受，优秀的家居设计应该是让人感觉舒适并具有丰富的人文内涵。在全球提倡绿色科技设计的今天，绿色环保设计备受青睐，自然清新又极具个性的装修风格已成为一种时尚。

1. 绿色和谐化

随着人们环境保护意识的不断增长，人们更渴望亲近自然，向往住在天然绿色的自然环境中。北欧的斯堪的纳维亚设计流派由此兴起，在住宅中创造田园的舒适气氛，强调天然材料和自然色彩的应用，结合了很多民间艺术手法和风格。在此基础上，设计师们不断在"返璞归真、回归自然"上下功夫，创造新的肌理效果，运用具象或抽象的设计手法来使人们联想到自然（图1-2）。

⬆ 图 1-2　绿色设计是未来居住空间的发展趋势

2. 科技现代化

随着现代科学技术的发展，在室内设计中采用一切现代科技手段，使设计能达到声、光、色、形的最佳匹配效果，实现高功能、高速度、高效率，创造出理想的使人们赞叹的空间环境。一些工艺先进国家的室内设计正朝着高技术、高情感的方向发展，这两者相结合，既重视科技的发展，又强调人情味（图1-3）。

图 1-3　科技的发展提升了现代居住质量

3. 艺术个性化

为了打破工业化所带来的千篇一律,人们开始不断追求个性化的设计,设计师要营造理想的居住空间环境,首先要对使用者的需求进行心理定位。具有不同政治和文化背景、不同社会地位的人,都有不同的生活观念和消费需求,因此,也就会有不同的"理想"环境。只有把"自然"放在第一位,才能真正实现设计的个性化。

1.3　居住空间设计的程序

1. 设计准备

(1)与客户(甲方)接洽听取意见,接受委托任务书。

(2)工程现场调查勘测与资料收集。

(3)明确设计任务和要求,形成设计任务书。

(4)签订合同,安排进度,与客户商议确定设计费等。

2. 方案设计

(1)进一步收集、分析资料与信息,构思立意,进行初步方案设计。

(2)确定初步方案,提供设计文件,包括平面图、顶面图、立面图、色彩效果图、装饰材料实样、设计说明与造价概算。

（3）初步设计方案的修改与确定。

3．施工图设计

（1）补充施工所必需的有关平面布置、室内立面等图纸。

（2）构造节点详图、细部大样图、设备管线图。

（3）编制施工说明和造价预算。

4．设计实施

（1）设计人员向施工单位进行设计意图说明及图纸的技术交底。

（2）按照图纸检验施工现场实况，有时要做必要的局部修改或补充。

（3）会同质检部门和客户进行工程的验收。

设计师在各阶段都需协调好与客户和施工单位的相互关系，以取得沟通与共识；抓好设计各阶段的环节，充分重视设计、施工、材料、设备等各方面的衔接，以期获得理想的设计效果。

5．设计回访

设计师还应该在施工中期和项目竣工以后对自己的客户进行回访。回访的形式主要是通过电话沟通来进行。设计回访是设计师提高设计水平、提高接单率的一个有效方法，也是企业传播品牌知名度及美誉度的一种有效途径。

1.4　室内设计师的素质要求和职业标准

居住空间设计属于室内设计的一个分支。室内设计是一门专业涵盖面较广的综合性新兴学科，它的特殊性决定了室内设计师必须具备多方面的知识、能力和素养，才能使自己的设计作品更好地服务于市场。

1.4.1　室内设计师的素质要求

1．掌握艺术设计创作的基本知识与技能

（1）掌握艺术美学的理论知识。

（2）掌握造型基础、专业设计技能及相关的理论知识。

（3）熟练掌握计算机辅助设计软件的使用方法。

2．具备其他交叉学科的相关知识

（1）了解一定的经济和市场营销知识。

（2）熟练掌握并充分利用计算机网络工具。

（3）掌握新动态和新技术。

3．具有良好的职业道德

（1）具有忠诚守信、吃苦耐劳的精神。

（2）具有团结与协作的团队精神。

（3）具有高度的社会责任感，能遵守职业道德。

1.4.2 室内设计师的职业标准

室内设计师应具有专业化的职业标准,即设计师不仅应具有相应的专业能力,同时还要达到岗位所要求的职业标准。表1-1是我国对装饰行业室内设计师的职业标准做出的详细规定。

表1-1 室内装饰设计师(国家职业资格二级)职业能力特征表

职业功能	工作内容	技能要求	相关知识
一、设计创意	(一)设计构思	能够根据项目的功能要求和空间条件确定设计的主导方向	1.功能分析常识 2.人际沟通常识 3.设计美学知识 4.空间形态构成知识 5.手绘表达方法
	(二)功能定位	能够根据业主的使用要求对项目进行准确的功能定位	
	(三)创意草图	能够绘制创意草图	
	(四)设计方案	1.能够完成平面功能分区、交通组织、景观和陈设布置图 2.能够编制整体的设计创意文案	1.方案设计知识 2.设计文案编辑知识
二、设计表达	(一)综合表达	1.能够运用多种媒体全面表达设计意图 2.能够独立编制系统的设计文件	1.多种媒体表达方法 2.设计意图表现方法 3.室内设计规范与标准
	(二)施工图绘制与审核	1.能够完成施工图的绘制与审核 2.能够根据审核中出现的问题提出合理的修改方案	1.室内设计施工图知识 2.施工图审核知识 3.各类装饰构造知识
三、设计实施	(一)设计与施工的指导	能够完成施工现场的设计技术指导	1.设计施工技术指导知识 2.技术档案管理知识
	(二)竣工验收	1.能够完成施工项目的竣工验收 2.能够根据设计变更完成施工项目的竣工验收	
四、设计管理	设计指导	1.指导室内装饰设计员的设计工作 2.对室内装饰设计员进行技能培训	专业指导与培训知识

第2章　设计与施工项目洽谈沟通

在家装这个市场潜力巨大且竞争激烈的行业中承接装饰工程,先期的沟通与洽谈,即良好的开端是至关重要的。一名优秀的室内设计师,除具备过硬的专业技能外,还要具备良好的洽谈沟通能力,理解并能准确把握客户意图,取得客户信任,提高谈单成功率,顺利完成工程项目。

2.1　接洽客户的过程

室内设计师与客户的洽谈沟通从接单到竣工伴随着整个工程项目。洽谈沟通表现为客户与设计师彼此尊重、相互配合的一种双方互动的关系。一般来说,设计师与客户的沟通有 5 次左右的洽谈,主要集中在签订施工合同之前,具体见表 2-1。

表 2-1　室内设计师与客户洽谈的方式与步骤

步　骤	洽　谈　目　的	准　备　内　容
第一次洽谈	了解客户的基本需要并互相交流意见,达成初步的平面空间规划与布局	1. 能体现自己公司实力的样本画册 2. 主要代表作品(包括设计作品和工程照片等) 3. 建筑平面图 4. 设计草图和设计工具 5. 笔记本电脑(保存企业资料)和电子计算器、预算纸 6. 记录本和业务洽谈记录卡
第二次洽谈	协调平面规划,确定并完善设计布局和思路	1. 现场测绘平面图 2. 初步设计的平面布局图 3. 简易示意图(初步立面设计及透视图) 4. 基本装饰材料样本和有关说明书 5. 专业参考书籍(画册和图片) 6. 设计或工程收费报价单(有关专业定额文件、资料) 7. 服务项目选择表 8. 设计草图纸和设计工具 9. 最好用笔记本电脑存储上述专业资料,用计算机演示设计方案

步　骤	洽 谈 目 的	准 备 内 容
第三次洽谈	完善方案的设计细节,确定材料型号与规格	1. 修改后的平面设计图 2. 天花板设计及主要立面设计图 3. 重要节点剖面图 4. 重点装饰空间计算机透视效果图 5. 主要饰材样品 6. 参考资料（画册和图片或计算机演示图片） 7. 设计工具和草图纸 8. 笔记本电脑（内存上述专业资料),以便演示和修改
第四次洽谈	确定所有细部设计,完成施工图设计,初步确定预算	1. 详细的平面、立面、顶面施工图和细部节点施工图（说明材料尺寸规格） 2. 材料清单及分析表 3. 色彩和陈设品计划 4. 调整后的计算机透视效果图 5. 初步预算协调 6. 工程工期协调 7. 参考书籍及主要材料、设备说明书
第五次洽谈	确定工程预算和工程进度施工方案,签订工程合同	1. 全套施工图 2. 工程预算书 3. 施工方案及工期进度表 4. 正式合同文本（一式三份） 5. 洽谈记录卡

2.2　与客户沟通的技巧

1. 了解客户的家庭因素

（1）家庭结构形态：人口、数量、性别与年龄结构,居住形态与要求。

（2）家庭文化背景：包括籍贯、教育、信仰、职业等。

（3）家庭性格类型：包括家庭的共同性格和家庭成员的个别性格,对于偏爱与厌恶、特长与缺憾等需特别注意。

（4）家庭经济条件：是高收入还是中、低收入。

（5）家庭希望的未来生活方式。

2. 了解客户的住宅条件

（1）住宅建筑形态：是新房还是旧房,位置和小区周边的地理环境。

（2）住宅环境条件：包括住宅所在的社区条件、小区景观和人文因素、物业管理等。

（3）住宅空间条件：包括整套住宅与单元区域的平面关系和空间构成、住宅与公共空间的关系。注意私密性和安全性。

（4）住宅结构方式：是砖混、框架、剪力墙还是其他。注意客户对住宅质量的看法。

（5）住宅自然条件：包括采光、日照、通风、温度、湿度等。

3. 了解客户的装修要求

（1）客户喜欢或想选择的家装设计风格。

（2）客户需要的装修标准：如经济型、普通型、豪华型、特豪华型。

（3）客户家庭装饰的内容。

（4）客户想选择的主要装饰材料。

（5）客户喜欢的装饰色彩与色调。

（6）对装饰照明的要求。

（7）对功能改善或完善的要求。

（8）客户大概的家装投资预算或想法。

4. 与客户沟通的切入点

设计师面对客户时，首先不是推销自己的设计理念，而是取得客户的信任，那么诚恳、热情的态度是首要的。除此之外，找到合适的交谈切入点，不但能够避免冷场，也能在最短的时间里达到最有效、最直接的沟通，彼此拉近距离，从而获得客户信赖。表 2-2 是作者通过对多家装饰企业的调研，总结出设计师与客户沟通时最常问的 60 个非常实际的问题。

表 2-2　与客户沟通时常见的 60 个问题

类别	问　题	类别	问　题
有关业主	1. 您对整个装修风格及色调有什么要求？	有关餐厅	17. 使用人数有多少？频率是有多高？
	2. 这次的装修预算控制在多少万元以内？		18. 是家人或朋友聚会的主要场所吗？
	3. 您对以前房屋的设计装修有何遗憾？		19. 是否会在这里做娱乐活动（如看电视、打牌等）？
	4. 有无旧家具或特殊物品的安置？		20. 对于色彩与灯光有无特殊要求？
	5. 在装修中有没有禁忌？		21. 家中有无藏酒？是否需要配餐柜、酒柜、陈列柜？
	6. 对装修的主材有没有明确要求？	有关厨房	22. 格局是开放式还是封闭式？
	7. 在设计中您是否在某一局部考虑特殊的文化氛围？		23. 您习惯哪种形式的橱柜布局（如一字形、L 形、U 形、岛形）？
有关玄关	8. 是否介意入门能直观全室？		24. 您最喜欢哪种口味的菜肴？
	9. 是否考虑设置鞋柜、衣柜，或只作装饰区域？		25. 通常家中谁做饭？是保姆还是女主人？或者是其他人？
	10. 对玄关地面有无特殊要求？		
有关客厅	11. 主要功能是家人休息、看电视、听音乐、读书，还是接待客人？		26. 您希望厨房更多的是电器化还是传统操作？
	12. 是否要与其他空间结合在一起（如厨房、餐厅或书房）？	有关卧室	27. 您喜欢什么类型的床？尺寸是多大？
	13. 家中来客主要是聊天还是聚会？		28. 是否要有更衣间或衣柜？女主人需要梳妆台吗？
	14. 是否安装家庭影院设备？您的音像设备有多少？是否需要特别安置？		29. 是否需要视听设备？
	15. 客厅有工艺品的展示需求吗？		30. 对灯光有无特殊要求？喜欢只有一盏主灯还是增加壁灯、台灯？
	16. 电视背景墙的方向有特殊要求吗？		

类别	问 题	类别	问 题
有关书房	31. 只是展示藏书还是每天会使用？	有关更衣间	47. 家中谁的衣服最多？比例是多少？
	32. 会有几个人使用？主要是谁使用？		48. 喜欢如何收纳衣服？按人员、季节还是按衣物种类？
	33. 在书房主要是工作、阅读，还是会客、品茶？		
	34. 藏书种类主要是杂志、书籍、工具书，还是纯装饰书？		49. 您是否会将杂物放在更衣间？
	35. 有无特殊的工艺品需要展示？	有关配饰	50. 您最喜欢什么颜色？
	36. 您更习惯以什么姿势看书？		51. 您希望家中的饰品是一种风格，还是多种风格并存？
老人房和儿童房	37. 对这个房间的规划有无时间段？		
	38. 居住者的兴趣和爱好是什么？		52. 您希望一次装饰到位还是慢慢积攒？
	39. 是否要考虑老人的特殊身体状况？		53. 您有没有特殊物品需要展示？
	40. 小孩的年龄多大？是男孩还是女孩？		54. 您喜欢柔软的东西还是造型感很强的东西？
	41. 孩子的玩具、书籍有多少？		55. 软装需要我来帮您参考吗？
有关卫生间	42. 对环境、颜色、材质有无特殊设想？	电路	56. 有关开关、插座、电视、电话、网络的位置有什么特殊要求吗？
	43. 是要浴缸还是淋浴？	有关阳台	57. 保留独立的阳台还是让它成为居室的一部分？
	44. 在这里有收纳的需要吗？		58. 有无特殊功能（如储物、健身、养花等）？
	45. 功能上是否需要干湿分离？	其他	59. 家中的供暖设备是否需要改造？
	46. 会在这里化妆吗？		60. 采用中央空调还是分体空调？

2.3 洽谈沟通应注意的事项

（1）与客户沟通要善解人意，不能只顾自己讲得痛快，而忽略了客户的真实需要。优秀的设计师会不断地探询客户的需要，仔细判断客户的需求并加以满足，直至最终达到客户的要求。

（2）每次修正后确定的设计图纸都要让客户签字，以免日后发生纠纷。各项重要的设计图纸、说明书、记录表、报价单、合同，在客户签字后，双方应各留一份存底。

（3）任何工作应根据双方确定的预算和设计方案施工，如施工过程中有变，一定要双方协商确定，客户要有书面变更通知单，增减工程项目要详细记录，否则工程结算时易产生纠纷。

（4）因为市场竞争激烈，很多商机会稍纵即逝，所以应尽早签订合同，以免对方改变主意。

（5）合同签订后切忌工程完工后又被杀价或同意减价。

（6）目前工程设计与施工付款方式无一定准则，一般在施工进场前最好能让客户预付材料款30%以上，施工过程中再付工程进度款20%～40%，完工前收款达到80%以上为好。

（7）与客户应保持友好、融洽的合作关系，与施工所在小区物业管理等部门也应搞好关系，这对设计与施工顺利进行非常重要。另外要指定专人负责跟相关人员及部门接洽。

2.4 设计师应克服的缺点

一次成功的签单,实际上是一系列谈判技巧、经验和策略支持的结果,是一个系统工程。设计师在与客户洽谈与沟通过程中的任何环节出现问题,都会导致交易失败或沟通变得不愉快,所以设计师一定要尽量避免出现纰漏,应时刻培养自己的职业素养。

1. 言谈避实就虚

有些设计师习惯于书面化、理论化的论述,会使客户感觉其实践经验不够、方案的可操作性不强而难以实现,因此常会拒绝合作或拒绝建议。如果能理论联系实际,通过借鉴实际案例和资料去说服客户,会使客户感到可操作性更强。

2. 语气生硬蛮横

语气生硬蛮横会破坏轻松自如的交流气氛,使客户产生反感心理,导致自己合理的建议也不被接受。所以设计师适当地圆滑变通是有必要的,但是绝不提倡没有原则地一味顺从客户,而应本着真诚、尊重的态度,不温不火,力争以达到签单的目的为出发点去对待此项工作,这样才会有理想的结果。

3. 随时喜欢反驳

如果设计师不时打断客户谈话,并对每一个异议都进行反驳,会使自己失去在客户心中随和、坦诚的形象,有时甚至会使合作失败。设计师如果能适宜、恰到好处地打断谈话,不仅能掌握洽谈的主动权,而且能体现自身的素质和能力。

4. 言不由衷的恭维

对待客户要坦诚以待,要由衷地赞同他们对于市场的正确判断,若为求得签单而进行华而不实的恭维,会降低设计师及公司的信誉度,也会在日后承担由此带来的后果。

第3章　资料收集与现场勘测

3.1　资料收集

居住空间设计的创意与构思是以完整的信息资料作为基础的,所以设计前期收集、处理、分析各种资料和信息数据,也包括借鉴一些国内外优秀设计作品至关重要。资料的收集当然要围绕相关项目开展,那么对客户背景、工地的内外环境的了解以及相关案例的调研是必不可少的。一般来说,居住空间室内工程的资料调研与收集包括以下内容（表3-1~表3-3）。

（1）住宅建筑资料：与住宅装修项目有关的设计图纸和相关资料。

（2）住宅外部环境：住宅小区的景观环境、地形地貌、气候及日照等情况。

（3）住宅内部环境：各房间面积、各层高及其基础设施等情况。

（4）使用方式：是长期或度假居住,还是商住两用。

（5）家庭成员：家庭成员的人数、年龄、性别、职业或学业情况,有无宠物。

（6）职业特点：书房使用者的职业特点,是正常上班还是有在家办公的工作习惯。

（7）空间分配：卧室、书房和卫浴的分配使用情况。

（8）个人喜好：喜欢的风格样式和色调等。

（9）生活习惯：社会交际情况、作息时间、有无特殊生活物品、宗教信仰、避讳事宜和饮食习惯以及盥洗和如厕情况。

（10）公共空间：对客厅、餐厅、厨房、储藏间以及阳台的要求。

（11）拟弥补的不足：通过装修拟弥补原户型结构的缺陷。

（12）资金预算：对装修项目和家具设施等方面的资金预算与分配情况。

（13）工程期限。

（14）相关案例。

（15）相关政策法规：政府与行业部门出台的与工程项目有关的政策文件、标准规范、预（决）算定额等相关资料。

表 3-1 装饰公司家装工程资料统计表

信 息 表

1. 客户姓名：

2. 性别：男□ 女□

3. 职业：   年龄：   爱好：   电话：

4. 邮编：   家庭住址：

5. 施工地点：

6. 住宅建筑面积：   装修面积（使用面积）：

7. 家庭人口：

8. 装修喜欢的风格：现代□ 简欧□ 中式□ 欧式□ 混搭风格□ 田园风格□

9. 装修喜欢的色调：暖色调□ 冷色调□ 深色调□ 浅色调□ 灰色调□

10. 您想选择哪种类型的门：套装门□ 全工艺门□ 半工艺门□

11. 卧室是否做衣柜：主卧□ 次卧□ 儿童房□ 客卧□ 书桌及书柜□

12. 是否吊顶：客厅□ 餐厅□ 卧室□ 书房□ 设计师推荐□

13. 是否做防水：卫生间□ 厨房□ 阳台□

14. 地面工程：全地砖□ 全木地板□ 卧室木地板□ 其他地砖□

15. 其他情况：

16. 家居装修时，家具是：装修公司推荐并制作□ 到家具城购买□

17. 您愿意出多少钱购买一套称心的家具：5000 元以下□ 5000～10000 元□ 1 万～2 万元□
       2 万～3 万元□ 3 万元以上□

18. 家装总预算（不含主材和家具）：2 万～3 万元□ 3 万～4 万元□ 4 万～5 万元□ 5 万～6 万元□
       6 万～9 万元□ 10 万元以上□

19. 装修材料选择：品牌产品□ 环保产品□ 价格实惠品□

20. 装修主材选择：设计师推荐□ 自己购买□ 朋友推荐□

21. 您准备何时装修：近一个月□ 一个月后□ 两个月内□ 三个月后□

22. 您理想中的装修施工期：一个月□ 两个月□ 三个月□

23. 您的装修忌讳：

24. 填表日期：   年 月 日

表 3-2 装饰公司家装工程现场勘测数据收集表

项　　目		内　　容			
住宅建筑资料基本情况	住宅建筑资料	图纸□	电子文件□	图片□	其他□
	住宅类型	高层□	普通楼房□	别墅□　　平房□	其他□
	层数	第 ____ 层　共 ____ 层			
	住宅附属设备	露台 ____ m²　庭院 ____ m²　地下室 ____ m²　车库 ____ m²			
	房屋结构	平层结构□　错层结构□　复式结构□　跃式结构□			
外部环境	住宅所在区域	市区□　　郊区□			
	四周景观				
	地形地貌				
	气候日照				

住宅建筑面积	住宅使用面积（装修面积）								

	名　称	层高	面积	墙面	地面	门	窗	梁	柱子	楼梯
内部环境（配合现场勘测的平面图）	玄关									
	客厅一									
	客厅二									
	餐厅									
	主卧									
	儿童房									
	次卧									
	客卧									
	书房									
	厨房									
	主卫									
	客卫									
	衣帽间									
	储藏间									
	观景阳台									
	生活阳台									
	露台									
	其他									
	上下水管	铁管□　　PVC 管□　　其他□								
	暖气管道	集中供暖□　成品暖气片□　独立采暖□　普通铸铁片□　地暖□								
	空调	中央空调□　分体式中央空调□　自行安装空调□				空调口预留　有□　无□				
	智能系统	有□　无□		门禁系统	有□　无□		户门		有□　无□	
	其他									
	使用方式	家庭居住□　度假居住□　商住两用□　其他□								

表 3-3　装饰公司家装工程客户调研数据收集表

项目	内　容							
家庭成员	情况＼人员	主人一	主人二	子女一	子女二	老人一	老人二	工人
	年龄							
	性别							
	职业（学业）							
	特殊成员　猫□　狗□　其他□							
空间分配	房间＼人员	主人夫妇	子女一	子女二	老人一	老人二	工人	
	卧室							
	书房	男主人□						
		女主人□						
	卫浴	主人专用□　家庭成员公用□　其他□						

项目			内　　容
职业 性质	书 房 使 用 者	职业岗位	
		工作情况	上班一族□　在家办公□　其他□
		在家工作习惯	网络办公□　文本办公□　计算机绘图□　手工绘图□　其他□
个人 爱好	喜欢的风格		古典中式□　古典欧式□　现代中式□　现代欧式□　现代简约□ 田园风格□　折中风格□　其他□
	特殊爱好		
生活 习惯	社会交际情况		喜欢独处□　交际广泛□　家庭聚会 多□ 少□
	作息时间		正常□　　睡 早□ 晚□　　起 早□ 晚□
	特殊生活物品		无□　有□
	宗教信仰		无□　有□
	避讳事宜		无□　有□
	饮 食 习 惯	主要烹饪方式	中餐　煎□　炒□　烹□　炸□　煮□　炖□　其他□
			西餐□
		用餐习惯	与家人用餐□　经常请客□　通常用餐人数
	盥 洗 如 厕	洗浴方式	淋浴□　浴缸□　两种兼有□　其他□
		如厕方式	蹲便□　座便□　两者兼有□　　有无老人　有□　无□
		使用情况	与他人共用□　独自使用□　两者兼有□
各类空 间要求	玄关		
	客厅		
	餐厅		
	书房		
	卧室		
	卫生间		
	厨房		
	阳台		
	储藏间		
拟弥补 缺陷			
资金投向	装修项目		
	家具设施		
	其他		
工程期限			
相关案例			
相关政策 法规	标准		
	规范		
	定额		
	其他		

3.2 现 场 勘 测

室内设计师进行居住空间设计的第一步就是要进行现场勘测。如果没有对施工现场进行观察、测量准确的尺寸,就不可能画出正确的图纸,必然影响到后期施工的可行性与准确性。通常客户都能向设计师提供原始平面图。

3.2.1 现场勘测的内容

1. 定量测量

定量测量主要测量室内各空间的长、宽,计算出各用途不同的房间面积。

2. 定位测量

定位测量主要标明门、窗、烟道、空调、灯、煤气、暖气、上下水位置,门和窗还要标明大小和数量。

3. 高度测量

高度测量主要测量各房间的高度。

4. 格局勘测

了解房屋的格局及利弊,观察房屋的位置和朝向以及周围的环境状况。如果遇到一些房子格局或外部环境不好的情况,就需要通过设计来弥补。

在测量后,按照比例绘制出室内各房间的平面图,平面图中标明房间长、宽并详细注明门、窗、烟道、上下水等的位置。

3.2.2 现场勘测的过程与步骤

1. 工具准备

在实地测量中,一般用到的工具有:6m 长的钢卷尺、激光测量仪、90°角尺、A3(或 A4)白纸、铅笔和几支不同颜色的笔、橡皮、数码相机等。

2. 观察空间

进入现场后,首先要做的不是绘制草图,而是先仔细观察工程实地的房屋结构和房屋组成情况,例如,房屋结构是框架还是混合结构体系,各个房间的布局、大小的情况,柱子与管道的区分等,等这些情况了然于胸后才可以开始绘制工程的平面框架草图。

3. 绘制草图

先在纸上把要测量的室内空间用铅笔徒手画出一张平面草图,一般由入户门开始一个一个房间连续画出(连同室内一切固定设备全部画出)。要把整个室内空间画在同一张纸上,不要一个房间画一张。

4. 测量与记录

(1) 从大门开始测量,使用钢卷尺靠在墙边地面上一个房间一个房间按次序进行测量,平面尺寸的测量一般是在距离地面 1 ~ 1.3m 的距离为宜,每测量完一次就用同一种颜色的笔将尺寸标注在平面框架草图的相应位置上。

（2）用同样的方法测量天棚、梁、柱、门、窗的高、宽、厚，然后用另一种颜色的笔将其尺寸标注在平面框架草图相应的位置上。

3.2.3　现场勘测的注意事项

（1）绘制平面框架草图时要按房屋尺寸的大概比例绘制，平面框架草图绘制结束后，要对照工地现场查看、校对刚才所绘制的草图框架有无错误，如果查看、校对无误，再在平面框架草图上标注尺寸。

（2）房屋建筑结构的变化会直接影响到室内方案的设计与深化，因此现场勘测时，应特别注意：①室内空间的结构体系；②柱网的轴线位置与净高；③室内的净高、楼板的厚度和主、次梁的高度。特别要了解建筑空间的承重结构情况，以免设计时对承重构件造成破坏。

（3）当测量到卫生间、厨房的时候要特别注意一些管道、设施和设备的安装位置，例如马桶的坑口位置、给排水的管道位置、水表和气表等的安装位置等，要把这些设备的具体位置在图样上详细地、准确地记录下来。

第4章 居住空间设计要素

4.1 居住空间的艺术设计风格

居住空间设计属于室内设计的范畴,因此了解居住空间的艺术设计风格就要学习室内设计的风格流派与设计特点。

室内的艺术设计风格是指从室内设计诞生起,在某一特定时期、某一区域环境内所产生的具有一定共同特征的室内设计样式。风格是体现在创作中的艺术特色和个性,是一种时代烙印,也是一个时期的标志。当前在居住空间中运用较多的室内设计风格主要可分为:传统风格、现代风格、自然风格和折中风格。

1. 传统风格

传统风格是以19世纪美学运动之前的各种古典时期的设计形式为特征的室内设计风格,这种室内设计风格处处体现出明显的传统元素和符号。具有代表性的有中国的明清风格、欧洲的文艺复兴风格、巴洛克风格、洛可可风格、日本和式风格等 (图4-1~图4-3)。如中国传统的室内设计风格,以梁柱承重的木结构为主,墙体只起到围护的作用;室内空间较大,多运用格扇门罩以及博古架等物件划分空间(图4-4);顶棚采用天花;也有用藻井突出重点空间,在木柱与梁架之间采用斗拱连接,并加以美化;室内点缀中国字画并陈设艺术品,创造出一种含蓄且高雅的意境。这些造型特征被称为中国的"民族传统形式",成为中国建筑室内固有的传统风格样式。

✿ 图 4-1 中国古典装饰风格

✛ 图 4-2 欧洲古典装饰风格

✛ 图 4-3 日本和式装饰风格

🔆 图 4-4　中国传统格扇门能灵活分割空间

2. 现代风格

20 世纪初,欧美一些发达国家工业技术迅猛发展,新的技术、材料、设备工具的发明和不断完善,在促进了生产力发展的同时,也对社会结构和社会生活带来了巨大的冲击。在室内设计领域,重视功能和理性的现代主义成为室内设计的主流。现代主义风格虽然表现为简单的几何形式,但其根本目的是采用简洁的形式来降低造价、压低成本,从而使设计服务于大众。现代主义风格强调使用新型材料,如在设计中大量运用钢筋混凝土、平板玻璃、钢材。在形式上采用反对任何装饰的简单几何形状,具有明显的功能主义倾向。

当今的简约风格被看作现代风格的延续,简约风格的主要特点有:注重装饰造型的整体性;在线条的表达上简洁、清丽又不拖泥带水;材质多样化,注重发挥材料结构本身的形式与特点;色彩多为单色,是设计重点表现的内容。简约风格体现的是高质量与高工艺基础上的简洁,真正体现"少即是多"的设计宗旨 (图 4-5)。

3. 自然风格

自然风格是在室内设计中运用天然材料和采用自然原色所形成的一种设计形式。在现代主义产生后,由于"方盒子"钢筋混凝土建筑日益泛滥,人们对冰冷、机械的建筑空间产生了厌倦,渴望回归自然、亲近自然,因此自然风格逐渐引起人们的重视。"乡村住宅""田园风格"还表现出尊重民间的传统习惯、风土人情,保持民间特色,或利用当地的传说故事等作为装饰的主题特性,这些特性使室内景观更加丰富多彩、妙趣横生。在居家室内设计与家具趋势方面,除了色彩之外,一切保留自然材质的怀旧成分,或在室内布置采用不加粉刷的砖墙面,将粗犷的木纹刻意外露于室内,整体风格简洁、雅致 (图 4-6)。

4. 折中风格

折中风格是室内设计综合性、多元化的体现。它将设计中的诸多要素进行了时间和空间概念的融合,表现形式多样,设计手法不拘一格,充分运用古今中外一切艺术手段进行设计。折中风格追求形式美,讲究比例,注重形体的推敲,在这种风格里有着不同时期、不同风格元素的协调统一,像古典的家具与现代主义的高科技装饰材料的和平共处,便是当代室内设计中折中风格的典型例子 (图 4-7)。

⊕ 图 4-5　现代风格的居住空间设计

⊕ 图 4-6　自然风格的居住空间设计

⊕ 图 4-7　折中风格是多种设计元素的混搭

4.2 室内空间设计

室内空间设计是室内设计的前提和基础,它通过空间各组成部分的分割和围合来实现。分割与围合的形式决定了各空间之间的联系方式和程度,并在此基础上能更有效地利用空间,使空间形象更加丰富和实用。就其形态而言,室内空间由底界面、侧界面和顶界面组成。

4.2.1　室内空间的类型

1. 封闭空间

用限定度较高的维护实体,如墙面、家具等围合起来,无论在视觉、听觉等方面,都与外界空间处于永久隔离状态。这种空间的属性是静止的、停滞的,与周围环境的流动性比较差,具有很强的领域感、安全感,因此呈现出的性格也是内向的、拒绝的（图 4-8）。

⊕ 图 4-8　封闭空间创造了一种安谧的环境

2. 开敞空间

开敞空间的流动性、渗透性较大,具有接纳和包容的属性,强调与周围环境的交流和渗透,讲究对景、借景,与大自然或周围空间融合,因此给人开朗活跃的感觉,具有公共性和社会性（图 4-9）。

3. 母子空间

母子空间有别于其他的空间构成方式,是对空间的二次限定。根据使用要求,空间中用实体或象征性的手法,重新限定出适合需求的子空间,子空间和母空间的关系是开敞式的,似断非断,似透不透,能满足群体与个体的个性需求,动静相宜（图 4-10）。

⬆ 图 4-9　开敞空间通透流畅

⬆ 图 4-10　圆形的沙发围合出了母子空间

4．上升空间与下沉空间

上升空间即地台空间，是室内地面局部升高而产生的一个边界十分清晰的空间。虽然是在原空间上增加的另一个空间，但并没有破坏原有的空间形态。由于上升空间地面台高，众目所向，给人开阔的视野，因此多具外向性（图 4-11）。

下沉空间与上升空间相反，是由室内地面局部下沉限定出的一个范围明确的空间，具有一定的私密性和宁静感（图 4-12）。

⊕ 图 4-11　就餐区域属于上升空间

⊕ 图 4-12　休息区域属于下沉空间

5. 虚拟空间

虚拟空间是指在已界定的空间内通过界面的局部变化再次限定的空间。由于缺乏较强的封闭度，虚拟空间常依赖于人的视觉范围来划分空间。虚拟空间常采用不同材质、色彩的地面变化，并结合吊顶造型来限制空间（图 4-13）。

6. 迷幻空间

迷幻空间的形成主要是通过视错觉的手法来创造，如灯光、镜面等无限拉伸，或家具和陈设的夸张变形来模糊使用者的视觉与心理，让人依照头脑中反映出来的画面，再现另一个空间形态，使这个虚幻的空间成为室内的趣味中心（图 4-14）。

图 4-13　棕色地毯限制出会客空间

图 4-14　顶面安装镜子丰富了空间层次

4.2.2　室内空间划分的艺术手法

1．利用建筑构件来划分空间

利用建筑结构中的列柱、楼梯等来划分空间，还可以通过装修柱来分隔空间，以丰富空间的层次（图 4-15）。

图 4-15　地台限定出了睡眠区域

2．利用界面的凹凸感与高低来划分空间

这种方法可以改变空间的界面形状，以实现特定的目的；同时在同一界面中使某些空间部位加以变化，或凹或凸，使空间减少单调感（图 4-16）。

⊕ 图 4-16　利用地面错落划分空间

3．利用色彩、材质、照明来划分空间

利用色彩的冷暖属性、材质的软硬等特点以及照明的明暗对比对空间进行划分，可以渲染环境并活跃空间气氛（图 4-17）。

4．利用家具、隔断、织物来划分空间

利用家具或隔断来形成一个相对隐秘的小空间，以达到亲切、温馨的效果（图 4-18）。

⊕ 图 4-17　利用地面色彩区分不同区域　　　　⊕ 图 4-18　织物能围成一个二次空间

5．利用绿化、水体来划分空间

绿化与水体是室内较活泼的因素，是改善空间的一种重要手段。这种划分手法可以丰富空间层次，创造出优雅的空间环境（图 4-19～图 4-21）。

⊕ 图 4-19　绿化创造出优雅的居室环境

⊕ 图 4-20　利用植物来分隔空间　　　　　　　　⊕ 图 4-21　利用水体来划分空间

4.3　居住空间与人体工程学

4.3.1　人体工程学概述

我们设计的目的是一切为了人,要体现出为人而设计的特点,目的是为人们创造一个科学的、合理的生活空间。具体来说,就是我们设计的空间尺度、家具尺度是否符合人体的尺度规范,室内色彩及家具色彩在视觉感受中能产生什么样的心理效应,还有气味、音响和温度能使人产生什么样的反应。因此,我们的设计都应以人的身体尺度为模数,以人的感知能力为准则,这就会涉及人体工程学方面的研究。

国际工效学学会对人体工程学的定义是:人体工程学是研究人在某种工作环境中的解剖学、生理学和心理学等方面的各种因素,研究人和机器及环境的相互作用,研究工作中、家庭生活中及闲暇时怎样考虑人的健康、安全、舒适和工作效率等问题的学科。

在居住空间设计中,要营造出各种有利于人身心健康的舒适环境,就要注重对人体工程学的研究,遵循以人为本的设计,使人与物、人与环境、物与环境相互协调,以求得工作与生活的舒适、安全和高效。

4.3.2　人体尺度与室内空间

室内设计中最基本的人机问题就是尺度,为进一步合理地确定空间的大小尺度、操作者的作业空间和活动范围等,就必须对人体尺度、运动轨迹等参数有所了解和掌握。

1.人体基本尺度

人体基本尺度是人体工程学研究的最基本的数据之一。它主要是以人体构造的基本尺寸(主要是指人体的静态尺寸:身高、坐高、肩宽、臀宽、手臂长度等)为依据,通过研究人体对环境中各种物理、化学因素的反应和适应力,分析环境因素对生理、心理以及工作效率的影响,确定人在生活、生产和活动中所处的各种环境的舒适范围与安全限度,并进行系统的数据比较与分析。人体基本尺度也因国家、地域、民族、生活习惯等的不同而存在较大的差异。

2.人体基本动作尺度

人体处于运动时的动态尺寸,是其处于动态时的测量结果。在此之前,可先对人体的基本动作趋势加以分析。人的工作姿势按其工作性质和活动规律,可分为以下几种。

(1)站立姿势:直立、弯腰、前倾等。

(2)座椅姿势:依靠、高坐、矮坐、工作姿势、稍息姿势、休息姿势等。

(3)平坐姿势:盘腿坐、蹲、单腿跪立、双膝跪立、直跪坐、跪端坐等。

(4)躺卧姿势:俯卧撑卧、侧撑卧、仰卧等。

虽然测量值因其动作的目的不同,测量的功能尺度也不相同。但是,人在处于不同动作姿态时,总会表现出相对的稳定性,我们正是根据这种相对静态的稳定性来进行测量与分析。

3.室内家具设施的尺度

家具设施为人所使用,因此它们的形体、尺度必须以人体尺度为主要依据。同时,人们为了使用这些家具和设施,其周围必须留有活动和使用的最小余地,这些要求都由人体工程学科学地予以解决。室内空间越小,停留得时间越长,对这方面内容的测试要求也就越高,例如车厢、船舱、机舱等交通工具内部空间的设计。室内常见家具设施的尺度要求如下。

（1）桌椅家具尺寸。桌类：760mm、740mm、720mm、700mm；椅类座面高度：400mm、420mm、440mm。桌椅配套使用时,桌椅高度差应控制在280 ~ 320mm的范围内。

（2）柜类家具尺寸。书柜层高不小于297mm,宽度不小于210mm。家中购买或制作的衣柜,挂衣杆上沿至柜顶板的距离为40 ~ 60mm；挂衣杆下沿至柜底板的距离,挂大衣时不应该小于1350mm,挂短外衣时不应小于850mm；衣柜的进深主要考虑人的肩宽因素,应不小于500mm。

（3）沙发类尺寸。单人沙发,座前宽不能小于480mm。座深过大会使小腿无法自然下垂,腿肚受到压迫；而座深过浅会感觉坐不住。座面的高度应控制在360 ~ 420mm的范围内。

（4）室内其他家具设施的尺度要求见表4-1。

表4-1　室内其他家具设施的尺度要求　　　　　　　　　　单位：mm

名　称	长	宽	高
三人沙发	1800	980	850
双人沙发	1500	850	810
单人沙发	850	850	810
电视柜	1500	600	500
茶几	1200	750	500
方茶几	500	500	550
电脑桌	1000	600	780
电脑椅	510	510	500
书柜	900	350	1800
双人床	2000	1500	610
单人床	1980	990	610
床头柜	500	400	460
衣柜	900	600	1800
鞋柜	500	350	900
餐桌	1350	750	740
餐椅	540	512	950

4.3.3　人体工程学在居住空间设计中的运用

以人为中心的设计理念日益成为各类设计项目的指导方针,人体工程学这一学科在室内设计中的应用越来越广泛,其主要作用表现在以下几个方面。

（1）确定人在室内活动空间范围的主要参数依据。

（2）确定室内环境及用具形态尺度的主要依据。

（3）提供室内物理环境适应人体的最佳参数。

（4）对室内环境设计提供最佳美学的科学依据。

除此之外，人体工程学在居住空间设计中的运用还主要体现在以下方面。

（1）客厅沙发与茶几和电视机的距离尺度关系。

（2）坐在沙发上的人看电视的角度与距离关系。

（3）坐在沙发上人与人相互交流的角度状态。

（4）餐厅酒水柜的陈列品与人的视觉角度关系。

（5）书柜分层设计与人体举臂的尺度关系。

（6）墙面上的壁饰与坐姿、立姿人的视域关系。

（7）客厅陈列柜中的陈列品与人的视觉角度关系。

（8）人流通道的尺度关系。

4.4 界 面 设 计

居住空间是由空间界面——地面、墙面、顶棚三部分围合而成的，这三部分确定了室内空间大小和不同的空间形态。尽管室内空间环境效果并不完全取决于室内界面，但界面的材料选择、色彩的搭配和细部处理等，都对空间环境氛围的烘托产生了很大的影响。

4.4.1 居住空间界面材料的要求

（1）耐久性及使用期限。

（2）耐燃及防火性能。要尽量使用不燃或难燃性材料，避免燃烧时释放大量浓烟等有毒气体的材料。

（3）无害无毒，即散发气体及触摸时的有害物质应低于核定剂量。

（4）无害的核定放射剂量。例如，有些地区所产的天然石材具有一定的氡放射剂量。

（5）易于制作安装和施工，便于更新。

（6）必要的防滑、保温、隔声性能。

（7）美观与经济要求。

4.4.2 居住空间界面设计的原则

1．统一的风格

居住空间的各界面处理必须在统一的风格下进行，这是室内空间界面装饰设计中的一个最基本原则。

2．与室内气氛相一致

居住空间具有特有的空间性格和环境气氛要求，在空间界面装饰设计时，应对使用空间的气氛作充分的了解，以便做出适当的处理。

3．避免过分突出

居住空间的界面在处理上切忌过分突出，因为室内空间界面始终是室内环境的背景，对室内家具和陈设起烘托和陪衬作用，若过分重点处理，势必会喧宾夺主，影响整体空间的效果，所以空间界面的装饰处理必须始终坚持以简洁、淡雅为主。

4.4.3 居住空间界面设计的要素

1. 形状

室内空间的形状与线、面、形相关,形体是由面构成的,面是由线构成的。

室内空间界面中的线,主要是指分格线和由于表面凹凸变化而产生的线,这些线可以体现装修的静态或动态,可以调整空间感,同时也提高了装修的精美程度。例如,密集的线束具有极强的方向性;沿走廊方向表现出来的直线,可以使走廊显得更深远(图4-22)。

室内空间界面中的形,主要是指墙面、地面、顶面的形。形具有一定的性格,是由人们的联想作用而产生的。例如,棱角尖锐的形状容易给人以强壮、尖锐的感觉;圆滑的形状容易给人以柔和与迟钝的感觉;正圆形中心明确,具有向心力或离心力(图4-23)。

✿ 图4-22 线性隔断使空间别致、雅韵　　　　✿ 图4-23 圆形的发光顶棚感觉柔和并具有向心力

2. 质感

装饰材料可分为天然材料和人工材料、硬质材料与软质材料、精致材料与粗犷材料等。材质是材料本身的结构与组织。质感是材质给人的感觉和印象,是材质经过视觉和触觉处理后而产生的心理现象。质感与颜色相似,都能使人产生联想。例如,粗糙的拉毛面给人以浑厚、温和的感觉;光滑、细腻的材料具有优美、雅致的情调,同时也给人一种冷漠感;木、竹、藤、麻、皮革可以使人感到柔软、轻盈、温暖和亲切(图4-24)。

3. 图案

墙面、地面和顶棚有形有色,这些形和色在很多情况下又表现为各式各样的图案。室内环境能否统一协调而不呆板、富于变化而不混乱,都与图案的设计密切相关(图4-25)。图案可以用来烘托室内气氛,甚至表现某种思想和主题。图案的设计应充分考虑空间的大小、形状、用途和性格,使装饰与空间的使用功能和精神功能相一致。

🔼 图 4-24　不同的肌理材质丰富了空间层次

🔼 图 4-25　顶面图案造型与立面保持一致

4.4.4　居住空间各界面的装饰设计

1.顶棚装饰设计

居住空间的顶棚装饰设计不同于餐厅、办公室、购物中心等公共空间,因受层高的限制(层高一般在2.8～3.1m),吊顶不可能设计得很复杂,多以简洁为主,以创造出一种舒适、轻快的效果。居住空间常见的顶棚形式有以下几种。

1）平整式顶棚

平整式顶棚的特点是顶棚表面为一个较大的平面或曲面,这个平面或曲面可能是屋顶承重结构的下表面,其表面用喷涂、粉刷、壁纸等装饰,也可能是用轻钢龙骨纸面石膏板、矿棉吸声板、铝扣板等材料做成平面或曲面形式的吊顶。

平整式顶棚构造简单,外观简洁大方,其艺术感染力主要来自色彩、质感、分格以及灯具等各种设备的配置,它是居住空间的一种常见的顶棚形式（图 4-26）。

✪ 图 4-26　平整式顶棚

2）悬挂式顶棚

在承重结构下面悬挂各种折板、格栅或饰物,就构成了悬浮顶棚。这种顶棚形式除了有特殊的装饰效果,也对局部区域进行了限定。悬挂式顶棚的悬挂物可以是金属、木质、织物,或者是钢板网格栅等。悬挂顶棚使吊顶的层次更加丰富,能取得较好的视觉效果（图 4-27）。

3）分层式顶棚

将顶棚设计成几个高低不同的层次,即为分层式顶棚。在跌级的高差处常采用暗灯槽,以取得柔和均匀的光线（图 4-28）。

分层式顶棚的特点是简洁大方,与灯具、通风口的结合自然。在设计这种顶棚时,要特别注意不同层次间的高度差,以及每个层次的形状与空间的形状是否协调。

4）发光顶棚

发光顶棚是指采用透光的吊顶棚面层,在面层后面装上照明灯具,使整个空间获得柔和均匀的照明效果。其特点是发光表面亮度低且面积大,照度均匀,光线柔和,无强烈阴影,能打破空间的封闭感（图 4-29）。发光顶棚的面层材料一般为磨砂玻璃或乳白色灯箱片等。发光顶棚在设计时要考虑灯具是否便于检修和更换,同时要注意散热通风,尽量采用发光时温度低的光源。

🔆 图 4-27　木桁架的悬挂式顶棚　　　　🔆 图 4-28　跌级吊顶具有很好的艺术表现力

🔆 图 4-29　蜂巢状的发光顶棚是空间的设计亮点

2．墙面装饰设计

　　室内墙面和人的视线垂直，因而处于比较明显的位置。空间的墙面设计是一个宽泛的概念，归纳起来主要表现在门窗、墙壁和隔断方面。

　　1）门窗的装饰设计

　　门窗的装饰设计是室内装修的一个重要细节，关乎室内整体的观感和使用的舒适与否，可以说好的门窗设计是家庭装修的点睛之笔，能够提高一个家庭的品位和气质（图 4-30）。

✤ 图 4-30 现代居室落地窗设计

在现代住宅中,对于外墙上的阳台门和窗户,开发商都已经给安装好,其材料一般是塑钢或彩铝加中空玻璃组成,二次装修时是不允许改造的,因此,这里的门窗设计主要是指房间二次装修的门和窗户的设计。无论何种形式的门窗都必须做门窗套设计,两者的风格要统一。门窗套的主要作用如下。

(1) 起着保护门窗边的作用。因为长期使用,门窗边的墙棱会出现破损现象,而门套和窗套多由木材制作,能起到保护作用。

(2) 门窗套承担着收边的作用。光秃秃的门窗显得很单调,加上门窗套之后感觉更加完整。

(3) 门窗套属于细节设计,除了使房屋更加美观外,还能体现主人精致的生活。

近年流行的飘窗,拓宽了人的视野,增加了室内使用面积,因此飘窗的装饰设计是重点。飘窗的窗台材料一般选择大理石或人造石等,尽量避免木质材料,以免下雨打湿后使材料变形 (图 4-31)。

2) 墙壁装饰设计

墙壁是室内空间的立面,作为室内最大的界面,墙壁不仅是陈设艺术的背景与舞台,而且对控制空间序列、创造空间形象具有十分重要的作用。墙壁的设计要遵循以下方面。

(1) 结构形式。不同结构形式的墙面形成不同的美感体验。规则、平整的墙面具有坚固感,形成一种规范美,会令人心情平和、安静 (图 4-32)。不规则的墙面则具有动感和生动美,给空间增添生气,营造出活泼、欢悦的气氛。因此,设计师应根据空间的艺术表现要求来选择适宜的墙面结构形式,在满足使用功

✤ 图 4-31 飘窗的设计

🔰 图 4-32 平整的墙面令人心情平静

能的同时,提升环境的艺术感染力。

（2）色彩光感。考虑到色彩的反射属性,要根据室内的环境状况搭配色彩。浅色墙面具有较强的反射性,可以形成空间物体的反衬背景;浅且暖的墙面有温暖感,可以产生一种张力;浅且冷的墙面有爽朗感,可以形成一种退后的进深感觉。深色墙面则体现一种稳定、肃穆之感（图 4-33）。深色墙面容易吸收光线,造成室内亮度的散失,应对此空间适当增加照明度。

🔰 图 4-33 深色墙面产生稳定、肃穆之感

（3）材料质地。材料质地分为自然的和人工的两种。自然质地的材料有自然石材、木材、竹材等；人工质地的材料是人有目的地对物体的自然表面进行技术性和艺术性加工处理后所形成的物面材料，如金属质地、陶瓷质地、玻璃质地、塑料质地、织物质地等材料。不同材料的质地给人以不同的视觉、触觉和心理感受。石材质地坚固、凝重；木材给人以亲切朴实、温暖的感觉；金属质地给人以坚硬、冷漠的感觉（图 4-34）；纺织纤维品给人以柔软舒适、豪华典雅的感觉；玻璃给人以洁净、明亮、通透的感觉。

材料质地的美感和材料本身色彩的色相、明度和光亮度与加工处理有着密切的关系。如透明玻璃被光直接透过时，其质地细腻晶莹，如果经过喷砂处理，喷砂玻璃受光后产生漫反射，反射光呈 360°方向扩散，使材料质地柔和雅致，给人以素雅、淳朴大方的感觉。

在居住空间设计中应恰当地选择和利用材料，使材料的材质美感得到充分的体现，从而创造出既舒适和谐，又具有独特个性的居住空间环境（图 4-35）。

✛ 图 4-34　金属墙面产生富贵和坚硬感　　　　✛ 图 4-35　墙面的肌理增强了厚重感

3）隔断装饰设计

隔断是空间结构划分的一种形式，是创造新空间个性语言的重要媒介，它对居住空间风格的形成、空间层次的营造，都有着其他媒介所不可替代的作用。居室空间的隔断常作为隔墙的形式，对空间进行区域性的划分。隔断真正的审美实质在于"似隔非隔，隔而不隔"，它在室内空间装饰设计中非常重要，同时兼有使用功能和装饰美化的双重作用。如做成中国传统的屏风墙、博古架、现代材料的玻璃墙等（图 4-36）。

随着时代的发展、技术的更新以及装饰材料的研制开发，隔断的表现形式越来越多样化，使用的材料也更加广泛。设计师在隔断设计中大多采用多种材料结合搭配、多种艺术构成手法互相穿插的方式来表现造型的艺术性。

☝ 图 4-36　屏风墙有很强的艺术表现力

3. 地面装饰设计

　　居住空间的地面设计首先必须保证地面坚固耐久和使用的可靠性；其次应满足耐磨、防滑、防水、易清洁等基本要求，并能与整体空间融为一体，为之增色。居室地面装饰常见的材料有以下几种。

　　1）实木地板

　　实木地板是木材经烘干、加工后形成的原生态装饰材料，它具有花纹自然、隔热保温性能好、脚感舒适的特点（图4-37）。

☝ 图 4-37　实木地板是一种高档的地面装修材料

2）复合地板

复合地板是以原木为原料，经过粉碎、添加黏合及防腐材料后，加工制作而成的地面铺装型材，具有耐磨、安装简便的特点（图4-38）。

✟ 图4-38　复合地板有耐磨、便于打理的优点

3）实木复合地板

实木复合地板是实木地板与复合地板之间的新型地板，它具有实木地板的自然文理、质感与弹性，又具有复合地板的抗变形、易清理等优点。

4）地砖

地砖是居住空间地面铺装的常见材料，种类有玻化砖、抛光砖、仿古砖等。地砖具有质地坚实、耐磨、易清洗、装饰效果好等特点（图4-39和图4-40）。

✟ 图4-39　玻化砖是现代居室常用的地面材料

🕂 图 4-40 仿古砖具有古典美

5）地毯

地毯质感柔软厚实,富有弹性,是具有很好隔音和隔热效果的地面装饰材料（图 4-41）。

🕂 图 4-41 地毯设计是点睛之笔

6）天然石材

天然石材主要分为大理石和花岗岩,因其具有较高的硬度和耐久性能,表面处理所显现的美丽色彩和纹理又具有极佳的装饰性而深受人们的喜爱（图 4-42）。但在居住空间中,天然石材仅作为地面拼花或点缀为宜,不宜大面积使用,主要原因是天然石材具有一定的辐射性。

✛ 图 4-42　天然石材的色彩和纹理具有很强的装饰性

4.5　照　明　设　计

　　就人的视觉来说,没有光也就没有了一切。在室内设计中,光不仅能满足人们视觉功能的需要,而且是一个重要的美学因素。室内光环境是室内设计的重要组成部分,在设计之初就应该加以考虑。现代居住空间中光环境分为自然采光和人工照明两种,本书所阐述的是人工照明光环境设计。

4.5.1　室内照明灯具与安装

　　常用的室内照明灯具主要有吊灯、吸顶灯、镶嵌灯、射灯、落地灯、壁灯、台灯、筒灯、槽灯、脚灯、格栅灯盘等（图 4-43）。

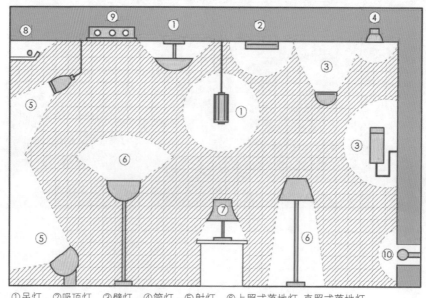

①吊灯　②吸顶灯　③壁灯　④筒灯　⑤射灯　⑥上照式落地灯、直照式落地灯
⑦台灯　⑧反射槽灯　⑨格栅灯盘　⑩脚灯

✛ 图 4-43　灯具在空间中的分布示意图

1. 吊灯

吊灯的装饰性很强,一般出现在室内空间的中心位置,它的艺术造型要与整个空间环境的艺术风格、装修档次相匹配(图4-44)。吊灯的光源可以是白炽灯泡,也可以是U形节能荧光灯管。

2. 吸顶灯

吸顶灯是固定在展示空间顶棚上的基础照明光源。灯罩有球形、扁圆形、柱形、椭圆形、锥形、方形、三角形等造型。灯管的形状有直管形、环形、U形等。

3. 镶嵌灯

镶嵌灯是安装在展示空间顶棚内的灯具,灯口与顶棚面基本平齐,作为基础照明用,如筒灯、格栅灯盘等(图4-45)。在吊顶中装入荧光灯管或白炽灯,可以做成隔绝式或漏透式的吊顶。前者是以毛玻璃遮挡光源

作为展示的装饰照明,后者采用木格片、金属格栅等适当地遮挡光源。

⊕ 图4-44　吊灯往往是室内的视觉中心

如果将天棚的全部或某些局部作为灯具来处理,这种形式称为发光天棚(图4-46),它是镶嵌灯具的演化。用透光材料取代该部分天棚的装修材料,如毛玻璃、PVC透光片等。光源一般选用直管形荧光灯。

⊕ 图4-45　筒灯的艺术效果

⊕ 图4-46　发光天棚能产生柔和的照明效果

4. 射灯

射灯为小型聚光照明灯具,有夹式、固定式和鹅颈式,通常固定在墙面、展板或管架上,可调节方位和投光角度,使用灵活方便,主要用于重点照明或局部点缀(图4-47)。

若在金属导轨上安装若干可移动的射灯,则称为轨道灯。

5. 壁灯

安装于墙壁上的灯具叫壁灯。壁灯一般是作为装饰照明来使用的(图4-48)。在居住空间中,无法

安装其他照明灯具的情况下,可以考虑用壁灯来进行功能性照明。在高大的空间里,选用壁灯作为补充照明,可以解决照度不足的问题。

⊕ 图 4-47　射灯对陈设品进行重点照明

⊕ 图 4-48　壁灯是墙面的视觉焦点

6. 槽灯

　　槽灯安装在反光灯槽上,一般设计在顶棚四周或大厅顶棚梁条上,其光源隐蔽,主要通过光的反射来发挥光照作用,属于间接式照明。槽灯的装饰效果就是在顶棚上会出现一条白色或彩色灯带,光线均匀柔和,无明显阴影,也不易产生眩光。直管形荧光灯和彩色软管灯一般作为槽灯使用(图 4-49)。

⊕ 图 4-49　槽灯具有很强的艺术表现力

1. 基础照明

　　基础照明是指大空间内全面的、基本的照明,这种照明形式保证了室内空间的照度均匀一致,任何地方的光线非常充足,便于任意布置家具 (图 4-50)。

⊕ 图 4-50　吊灯属于基础照明

2. 重点照明

　　重点照明是指对特定区域和对象进行的重点投光,如陈列柜和酒水柜的射灯照明,目的是引起人们的吸引力和注意力 (图 4-51)。重点照明的亮度是根据物体的种类、形状、大小以及展示方式等确定的。

第 4 章　居住空间设计要素

43

☝ 图 4-51　墙面壁龛采取重点照明

3. 装饰照明

　　装饰照明是为了创造视觉上的美感而采取的特殊照明形式,通常是为了增加人们生活的情调,或者为了加强某一被照物的展示效果,以增强空间层次,营造环境氛围。装饰照明常采用壁灯、挂灯、暗槽灯等形式 (图 4-52)。

☝ 图 4-52　暗槽灯属于装饰照明

4.5.3　室内照明的方式

　　如果对光源不加处理,既不能充分发挥光源的效能,也不能满足室内照明环境的需要,有时还会引起眩光的危害。因此,利用不同材料的光学特性,利用材料的透明、不透明、半透明质地制成各种各样的照明设备和照明装置,重新分配照度和亮度,根据不同的需要来改变光的发射方向和性能,是室内照明应该研究的主要问题。照明方式按灯具的散光方式分为以下几种 (表 4-2)。

表 4-2 　室内五种照明方式

图 示	特 征	图 示	特 征
直接照明 向上 0~10% 向下 100%~90%	(1) 光利用率高 (2) 易获得局部空间高照度 (3) 天棚较暗	半直接照明 向上 10%~40% 向下 90%~60%	(1) 向下光仍占优势,也具有直接照明的特点 (2) 具有少量向上的光,使上部阴影获得改善
间接照明 向上 90%~100% 向下 10%~0	绝大部分或全部光向上射,整个顶棚变成二次发光体	半间接照明 向上 60%~90% 向下 40%~10%	向下光占小部分,光的利用率较低,顶棚较亮
均匀的漫射照明 向上 40%~60% 向下 60%~40%	(1) 向上与向下的照明度大致相等,具有直接照明与间接照明的特点 (2) 房间反射率高,能发挥出较好的效果,整个房间明亮		

注:涂黑者为不透明,打点者为半透明。

1. 直接照明

直接照明是 90% 以上的灯光直接照射到被照物体。裸露陈设的荧光灯和白炽灯均属于此类。这种照明方式由于产生的亮度过高,应防止眩光的产生。

2. 间接照明

间接照明是将光源遮蔽而产生间接光的照明方式。这种照明方式是将 90% 以上的灯光射向顶棚或墙面,再从这些表面反射至工作面。这种照明方式的特点是光线柔和,没有很强的阴影。

3. 半直接照明

半直接照明是 60% 左右的灯光直接照射到被照物体,40% 的光线向上漫射。用半透明的玻璃、塑料等做灯罩的灯,就属于这一类。这种照明方式的特点是没有眩光,光线柔和,能照亮房间顶部。

4. 半间接照明

半间接照明是大约 60% 以上的灯光先照射到墙和顶棚上,只有少量光线直接照射到被照物体。从顶棚照射下来的反射光趋向于软化阴影和改善亮度比。具有漫射的半间接照明灯具更有利于阅读和学习。

5. 均匀漫射照明

均匀漫射照明是灯光照射到上、下、左、右的光线大体相等。常见的照明方式有两种:一种是光线从灯罩上口射出经平顶反射,两侧从半透明灯罩扩散;另一种是用半透明灯罩把光线全部封闭而产生漫射,这类光线柔和、温馨。

4.6 色彩设计

4.6.1 室内色彩的视觉心理

"远看颜色近看花",这句俗语充分说明色彩在视觉信息的传递中有着非常重要的作用。色彩的存在虽然离不开具体的物体形态,但却具有比形态、大小、材质更强的视觉感染力,也就具有了"先声夺人"的力量。

色彩是由于光波效果而形成的一种物理现象,人们可以从中感受到色彩所赋予的各种各样的情感。因为人们长期生活在一个色彩的世界中,积累了许多视觉经验,一旦知觉经验与外来色彩刺激发生一定的呼应时,就会在人的心理上引出某种情绪。人们对不同的色彩表现出不同的好恶,这种心理反应常常是跟人们的年龄、性格、素养、生活习惯甚至民族分不开的。

首先,从色相来说,暖色有温暖热情的感觉,有比较小的空间感;而冷色、深灰色则具有冷漠、知性、沉静、澄明、静寂的感觉,让人感觉空旷、深远。

其次,从明度来说,明度高的空间有轻快感、活跃感、亲近感,明度低的空间有凝重感、严肃感和使命感。中间调子的空间则使人感到平和、稳定。

最后,从纯度来说,纯度越高的颜色的色彩越鲜艳、强烈(图4-53)而灰色调则显得朴素、淡雅(图4-54)。具体情况参见表4-3~表4-5。

↑ 图 4-53 纯度越高的颜色的色彩越活泼

⊕ 图 4-54　灰色调显得朴素、淡雅

表 4-3　色彩的情感联想

颜色	具体联想	抽象情感
红	火焰、太阳、血、红旗、辣椒	热烈、积极、活力、温暖、新鲜、愤怒、革命
橙	橘子、柿子、秋叶	快活、温情、健康、欢喜、和谐、疑惑、危险
黄	黄金、灯光、香蕉、稻穗、黄沙	明快、朝气、快乐、富贵、轻薄、刺激、注意
绿	大地、草原、森林、蔬菜、庄稼	自然、健康、新鲜、安静、凉爽、清新、安全
蓝	天空、海洋、水、青山	沉静、平静、科技、理智、冷淡、消极、阴郁
紫	葡萄、紫罗兰、郁金香	优雅、高贵、细腻、神秘、不安定、性感
白	雪、云、雾、白纸、白布、天鹅	纯洁、清白、纯净、明快、和平、神圣
灰	水泥、鼠	平凡、谦和、失意、中庸、郁闷
黑	黑夜、黑发、乌鸦、墨汁、煤炭	沉着、厚重、古典、悲哀、恐怖、死亡、地狱

表 4-4　色彩的心理感受

颜色	红	橙	黄	绿	蓝	紫	棕	白	黑	灰
距离感	近	非常近	近	后退	后退	近	近	前进	无限深远	远
温度感	温暖	非常温暖	非常温暖	中性	冷	冷	中性	冷	冷	冷
情感	使人紧张不安	使人激动	使人激动	使人平静柔和	使人平静	使人不安	使人激动	使人放松	使人压抑	使人冷静

表 4-5　色调的视觉心理效果

色调	视觉心理效果
淡色调	明媚、清澈、轻柔、成熟、透明、浪漫、爽朗
浅色调	清朗、欢愉、简洁、成熟、妩媚、柔弱、梦幻
亮色调	青春、鲜明、光辉、华丽、欢愉、健美、爽朗、清澈、甜蜜、新鲜、女性化
鲜色调	艳丽、华美、生动、活跃、外向、发展、兴奋、悦目、刺激、自由、激情
深色调	沉着、生动、高尚、干练、深邃、古风、传统
暗色调	稳重、刚毅、干练、质朴、坚强、沉着、充实
浅灰调	温柔、轻盈、柔弱、消极、成熟
浊色调	朦胧、宁静、沉着、质朴、稳定、柔弱
灰色调	质朴、柔弱、内向、消极、成熟、平淡、含蓄

4.6.2　居住空间的色彩设计方法

1．确定基调

色彩中的基调很像乐曲中的主旋律,基调外的其他色彩则起着丰富、润色、烘托、陪衬的作用。确定色彩基调的方式很多,从明度上讲,可以形成明调子、灰调子和暗调子;从冷暖上讲,可以形成冷调子、温调子和暖调子;从色相上讲,可以形成黄调子、蓝调子、绿调子等 (图4-55)。

❶ 图4-55　蓝色基调给人沉静感

2．统一与变化

基调是使色彩统一协调的关键,但是只有统一而没有变化,仍然达不到美观耐看的目的。在居住空间的色彩设计中,一般大面积的色块不宜采用过分鲜艳的色彩,小面积的色块则宜适当提高明度和色度,这样才能获得较好的统一与变化效果 (图4-56)。

3．色彩与材料的搭配

色彩与材料的配合主要解决两个问题:一是色彩用于不同质感的材料,会有什么不同的效果;二是如何充分运用材料本色,使室内色彩更加自然、清新和丰富 (图4-57)。

同一色彩用于不同质感的材料效果相差很大。它能够使人们在统一之中感受到变化,在总体协调的前提下感受到细微的差别,颜色相近,协调统一;质地不同,富于变化。用坚硬与柔软、光滑与粗糙、木质感与织物感的对比来丰富室内环境。

⊕ 图 4-56　深蓝色基调中点缀红色靠椅

⊕ 图 4-57　布艺沙发的黑与白低彩度设计会带出新古典的气息

4.6.3　色彩设计的步骤

在居住空间设计过程中,色彩设计并非是完全独立的过程,它必须与整体设计相协调,并在总体方案确定的基础上进行具体的色彩深化,以获得更好的效果,表 4-6 为色彩设计的步骤。

表4-6　色彩设计的步骤

设计步骤	主要任务	主要资料
（1）方案图	草图构思，确定大方案	设计草图、材料色彩样本
（2）考虑整体与局部	协调总图与各使用空间的设计	方案设计图（平、立、剖面）
（3）考虑装修节点	编制节点表格	施工图
（4）参阅标准色彩图	室内色彩的深入推敲	设计标准色、使用材料样本
（5）确定基调色、重点色	确定色彩，编制色彩表、色彩设计图	使用材料样本
（6）施工监理	现场修正、追加、设计变更	设计变更单

4.7　家具与陈设设计

4.7.1　室内家具的艺术风格

1. 中国传统风格家具

中国传统风格家具以"明式家具"为代表。无论从当时的制作工艺还是艺术造诣来看，中国明式家具都达到了登峰造极的水平，甚至对西方家具的发展也产生了较大的影响，在世界艺术史上占有重要的地位（图4-58）。中国明式家具艺术设计的主要特点是用料名贵，设计精巧，制作严谨，重视材料本身的色泽和纹理的表现，只对家具结构中重点部位进行装饰，没有多余而繁杂的装饰。中国明式家具主要有以下四个特点。

图4-58　圈椅是中国明式家具的代表

（1）结构严谨、做工精细。中国明式家具全部采用卯榫结构，不用钉子少用胶，结构合理、造型简洁、俊秀挺拔。

（2）造型简练、以线为主。中国明式家具造型匀称、协调，体现出功能美学特征，其各个部件的线条挺而不僵、柔而不弱，表现出简练、质朴、典雅、大方之美。

（3）装饰适度、繁简相宜。中国明式家具装饰手法多种多样，装饰用材也很广泛，但从整体看，仍不失朴素与清秀的本色，可谓适宜得体、锦上添花。

（4）木材坚硬、纹理优美。中国明式家具精于选材，不加漆饰，重视硬木材料自然的纹理和色泽美，形成独特风格。

2．西方传统风格家具

16世纪欧洲文艺复兴运动以后，新古典主义兴起，家具业也深受影响，文艺复兴式家具开始取代哥特式家具并风行于欧洲大陆。人们倾向于吸收古典造型的精华，以新的表现手法将古典建筑的一些设计语言运用到家具上，作为家具的装饰艺术。

洛可可艺术是18世纪初始于法国宫廷后流行于欧洲的一种室内装饰及家具设计手法，其最显著的特征是，以均衡代替对称，追求纤巧与华丽、优美与舒适，并以贝壳、花卉、动物形象作为主要装饰语言，在家具造型上优美的自由曲线和精细的浮雕和圆雕共同构成一种温婉秀丽的女性化装饰风格。洛可可风格可以看作是欧洲传统家具风格的典范（图4-59）。

⊕ 图4-59 欧洲古典风格家具

3．现代风格家具

随着技术的进步和思想观念的改变，现代家具表现出与以往传统家具迥然不同的特征。较有影响的是：以几何体和原色取胜的"风格派"；提倡形式简洁、重视功能、注重新材料的运用和工艺技术的包豪斯等。这些流派都对现代家具的发展做出了很大的贡献。

现代家具的设计正向技术先进、生产便利、经济合理、款式美观、使用安全等方向发展。如果说其他风格的家具还仅仅停留在家具本身或者居室空间的装饰上，那么现代风格的家具已经超越其本身。家具设计界普遍认同的设计观念是：设计新家具就是设计一种新的生活方式、工作方式、休闲方式、娱乐方式。我国现代家具的设计风格流行趋势也已步入简约风格、后现代风格（图4-60）。

4.7.2　家具设计的类型

1．按基本功能分类

（1）支撑类家具：直接支撑人体的家具，如床、椅、沙发等。

（2）凭倚类家具：使用时与人体直接接触的家具，如书桌、餐桌等。

（3）储存类家具：储存物品的家具，如衣柜、书柜等。

2．按结构形式分类

（1）板式家具：用各种不同规格的板材，借助黏结剂或专用五金件连接而成（图 4-61）。

图 4-61　茶几属于板式家具

（2）拆装家具：家具零部件之间采用连接件接合并可多次拆卸和安装的家具。

（3）折叠家具：能折动使用并能叠放的家具，便于携带、存放和运输。

（4）充气家具：用塑料薄膜制成袋状，充气后成型的家具。

（5）注塑家具：包括硬质塑料和发泡塑料家具。

3．按材料分类

（1）实木家具：主要由实木构成，如红木家具、榆木家具等。

（2）木质家具：主要由实木和各种木质复合材料（如刨花板、纤维板、胶合板等）构成的家具。

（3）布艺家具：由面层布料、内层高材质海绵构成的家具（图4-62）。

（4）藤质家具：用藤条或藤织构件构成的家具。

（5）玻璃家具：以玻璃为主要构件的家具（图4-63）。

（6）金属家具：整体或主要部件由金属构成的家具（图4-64）。

（7）塑料家具：整体或主要部件用塑料加工而成的家具（图4-65）。

（8）石质家具：以大理石、花岗岩或人造石为主要材料的家具。

🔂 图4-62　布艺家具

🔂 图4-63　玻璃家具

🔂 图4-64　网眼金属家具

🔂 图4-65　塑料家具

4.7.3 家具与室内环境设计

家具的制作工艺和造型可以反映出一个时代的文化或传统风格,同时承担着注释室内设计风格的重任,在体现室内环境构思意图方面起着画龙点睛的作用。家具相对于室内空间来讲,具有较大的可变性,设计师往往利用家具作为灵活的空间构件来调节内部空间关系,变换空间使用功能,或者提高室内空间的利用效率。另外,家具相对室内纺织品和装饰物来讲,又有一定的固定性。家具布置一旦定位、定形,人们的行动路线、房间的使用功能、装饰品的观赏点和布置手段都会相对固定,甚至房间的空间艺术趣味也因此而被确定。家具的这种既可动又不可轻易动的空间特性决定了家具作为室内空间构成构件的重要地位。因此,家具的"形式"的重要性并不亚于其"功能"的重要性。很多情况下,家具本身就是起装点室内空间、满足视觉愉悦的作用,利用家具来改变内部空间艺术质量是十分有效的室内环境设计手段(图4-66)。

⬆ 图 4-66 家具能够点缀室内空间

在室内空间中,家具的实用性和艺术表现力使之获得了充分的空间意义,所以,在处理有关家具的设计问题时,不能脱离整体、脱离统一的室内空间组合要求来孤立地解决家具的设计与陈设布置问题。室内设计师必须在设计过程中了解家具的种类、特点及与家具有关的人体工程学知识,把握在室内空间中对家具进行合理布局的一般原则,才能充分利用家具这一室内空间的构件来营造出丰富、宜人的室内空间形态。为了创造良好气氛,室内公共活动部分的家具都成套或成组配置,可限定出不同用途、不同效果的小空间,布置方式较灵活。

4.7.4 室内陈设的类型

室内陈设也称摆设。陈设之物之于室内环境,犹如公园里的花草树木、山、石、小溪、曲径、水榭,是赋予室内空间生机与精神价值的重要元素。从表面上看,陈设品的作用是装饰点缀室内空间,丰富视觉效果,但实质上,它的最大作用是突出生活环境的氛围和品质,具有陶冶性情的效果。

室内陈设品有以实用价值为主的物品,如钟表、烟灰缸、茶具、果盆之类;有的则完全出于个人的收藏和兴趣爱好,以观赏价值为主的物品,如字画、古玩、雕塑;也有既有实用性也有观赏性的物品,如灯具、器皿、家具等。室内陈设品对室内空间形象的塑造、气氛的表达、环境的渲染起着画龙点睛的作用,也是室内空间必不可少的物品(图4-67)。

植物是现代居住空间必不可少的陈设品,随着城市环境污染日渐加重,生活、工作节奏加快,长期生活在室内的人,渴望周围有绿色植物环绕,因此将绿色植物引入室内,通过室内绿化把居住空间变成"绿色和谐的生态环境"已不是单纯的"装饰",而是提高居住环境质量、满足人们心理需求必不可少的因素(图4-68)。

<table>
<tr><td>⊕ 图 4-67　器皿是居室空间的常见陈设品</td><td>⊕ 图 4-68　现代居住空间中植物必不可少</td></tr>
</table>

在运用室内绿化的时候,首先应当考虑室内空间主题、气氛等要求,通过室内绿化的布置,充分发挥其强烈的艺术感染力,加强和深化室内空间所要表达的主题思想。如中式空间要采用浓郁的中国传统特色的对称布置法,如文竹、小盆景等,而日式空间的绿化则应以插花为主。

在充分考虑使用室内空间主题、气氛的前提下,还应反复推敲色彩、形状、质感和大小等方面的内容。根据室内绿化的特点,采用相应的布置方法,以达到相应的空间气氛要求,满足人们的心理与生理需求,发挥室内绿化的最佳作用。在选择室内植物时要注意以下几个方面。

（1）考虑室内温度和湿度条件,选择适于室内成活的植物。

（2）要避免选择高耗氧性及有毒的植物。

（3）选择植物时应注意挑选造型优美、视觉性强的植物。

4.7.5 室内陈设的设计要点

1. 陈设品的风格

室内陈设品总是布置在一个具有特定风格气氛的环境中,因此风格就成为选择室内陈设品的首要依据,如许多具有地域特色的传统民间艺术品就可作为陈设品。按风格要求选择陈设品时,不外乎两种方式,即选择与室内风格相统一的陈设品和选择与室内风格呈对比的陈设品(图4-69)。

⊕ 图 4-69 中式风格的陈设品

2. 陈设品的色彩

陈设品的色彩经常会作为整个室内色彩设计中的重点色彩来加以处理。一般情况下,除非室内色彩丰富或室内空间十分狭小,陈设品总是选用较为强烈的对比色彩,才能取得生动的视觉效果(图4-70)。色彩的对比应包括色相、明度和饱和度,陈设品色彩的选择很重要,如果色彩过分突出,就会产生零乱且生硬的感觉,尤其是当陈设品很多时,更易如此。

3. 陈设品的形状

除了对风格的考虑外,室内陈设品本身的形状也是一个不可忽视的重要因素,需考虑其形状与所处环境的协调一致。例如,在一面朴素简洁的墙上选择墙面挂饰时,选用形状生动、线条复杂的挂饰会取得强烈且生动的效果(图4-71和图4-72)。但需要注意的是,如果陈设品的形状与室内背景形成过分强烈的对比时,需采取降低数量、减少尺度、缩小面积和体积的办法予以调整,以避免发生喧宾夺主、杂乱无章的视觉效果。

总之,选择陈设品必须结合室内环境综合考虑,不必追求数量多、价值高、尺度大,只要至情至性即可。陈设品经过精心选择与布置,可以起到画龙点睛的视觉效果;相反,不经过选择的陈设品,虽然数量多、价值高、色彩丰富,但也只是货品的堆砌,反而会破坏室内环境的气氛和品质,造成视觉污染。

⛪ 图 4-70　陈设品的色彩起到点缀的效果　　　　　　⛪ 图 4-71　装饰镜的造型丰富了墙面

⛪ 图 4-72　精致的挂件丰富了单调的墙面

第5章 居住空间功能单元设计

5.1 居住空间类型分析

5.1.1 居住建筑类型分析

随着我国建筑技术的发展,居住类建筑的种类越来越多,按照不同方式可分为以下类型。

(1) 按照建筑楼体高度分类:主要分为低层、多层、小高层、高层、超高层等。

(2) 按照建筑楼体结构形式分类:主要分为砖木结构、砖混结构、钢混框架结构、钢混框架剪力墙结构、钢结构等。

(3) 按照建筑楼体形式分类:主要分为低层住宅、多层住宅、中高层住宅、高层住宅、其他形式住宅等。

5.1.2 居室户型分析

1. 单元式住宅

单元式住宅是目前在我国大量兴建高层住宅中应用最广泛的一种住宅建筑形式。该住宅楼地面没有高差变化,具有满足人们舒适居住的各类功能空间 (图 5-1)。

2. 错层式住宅

错层式住宅是指一套房子是同一层的楼板,但不在同一平面上,地面有高差变化,用 30 ~ 60cm 的高度差 (3 层左右台阶) 进行空间隔断。一般是把私密性区域地面抬高,使其层次分明,立体性强,但未分成两层,适合 100m² 以上的大面积住宅装修 (图 5-2 和图 5-3)。

3. 复式住宅

复式住宅一般位于居住建筑的顶层,在概念上是一层,但层高较普通的房屋高,因此可以增设一个夹层,安排卧室、书房、储藏室等,用楼梯联系上下,其目的是在有限的空间里增加使用面积,提高房屋的空间利用率。通过夹层设计,可使住宅的使用面积提高 50% ~ 70%。复式住宅虽然设计成两层,但是层高要小于跃层住宅 (图 5-4)。

✿ 图 5-1　单元式住宅

✿ 图 5-2　错层式住宅抬高了私密空间

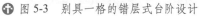

<table>
<tr><td>⬆ 图 5-3　别具一格的错层式台阶设计</td><td>⬆ 图 5-4　复式住宅的二层设计</td></tr>
</table>

4．跃层住宅

跃层住宅是一套住宅占两个楼层，客厅、卧室、餐厅、书房、卫生间、厨房及其他辅助用房可以分层布置，上下层之间不通过公共楼梯而采用户内独用小楼梯连接（图 5-5）。跃层户型大多位于住宅顶层，结合顶层的退台设计，让家最大限度地迎接阳光和空气，因此，大露台是许多跃层户型的特色之一。

5．别墅式住宅

别墅式住宅是指带有花园草坪和车库的独院式平房或二三层小楼，一般不超过四层，建筑密度很低，内部居住功能完备，有独立式、双联式、联排式几种形式（图 5-6）。

5.1.3　居室套型分析

居室的套型主要可以分为以下几种。

1．一居室

一居室在房型上属于小户型，通常是指一个卧室、一个客厅、一个卫生间和一个厨房（也可能没有）。其特点是在很小的空间里要合理地安排多种功能活动，包括起居、会客、学习、存储等。

2．二居室

二居室一般有二室一厅和二室两厅两种户型，即两个卧室、一个客厅、一个餐厅（如果没有，客厅可兼餐厅）。其特点是户型适中、方便实用，消费人群一般为新组建的家庭。二居室也是常见的一种小户型结构。

⊕ 图5-5　跃层住宅　　　　　　　　　　　　⊕ 图5-6　别墅是典型的低层住宅

3．三居室

三居室一般有三室一厅和三室两厅两种户型。三室两厅是指由三个卧室（其中一个可做书房）、两个厅（客厅、餐厅）以及卫生间（可能有主卫和次卫两个卫生间）、厨房、阳台等空间组成。其特点是各个功能区划分比较明确。

4．多居室

多居室属于大户型，是指卧室数量在四间以上的居室户型，一般有四室两厅、五室两厅等。其特点是空间十分宽敞，便于区分房间的功能。

5.2　居室公共空间设计

5.2.1　玄关设计

1．玄关的作用

玄关又称门厅，是指居室的大门入口，是室外通向室内的过渡性空间（图5-7）。玄关虽小，其功能却具有多样性。首先，玄关可以起到缓冲作用，增加主人的私密性，避免客人一进门就对整个室内一览无余，在进门处用木制或玻璃作隔断，划出一块区域，在视觉上遮挡一下；其次，玄关可以起到装饰作用，推开房门，第一眼看到的就是玄关，这里是客人从繁杂的外界进入这个家的最初感觉，可以说，玄关设计是设计师整体设计思想的浓缩，能使客人一进门就有眼睛一亮的感觉；最后，玄关可以实用作用，为方便人们出入家门时换鞋和整装，一般把鞋柜、衣帽架、大衣镜等设置在玄关内。

2．玄关的类型

从玄关与居室的关系上，可分为以下几种。

（1）独立式：玄关是相对独立的空间，是通往居室客厅的一个过渡性空间。

（2）邻接式：与客厅相连，没有较明显的独立区域。

（3）包含式：玄关包含于客厅之中，与客厅自然融合在一体，玄关只是象征意义的空间。

3. 玄关的设计要点

玄关的地面处理应注意与客厅空间的区别,常采用整体的瓷砖或大理石拼花,具有美观、耐用、易清洁的特点。玄关的空间一般比较小,可以通过吊顶造型来改变空间比例和尺度。在色彩设计上,玄关应与客厅的风格色调相统一。在照明设计上,照度要充足,以烘托玄关明朗、温暖的氛围。玄关的家具可以是鞋柜、衣帽架、大衣镜、条案、博古架等,其造型设计应独具匠心,在居室装饰中起到画龙点睛的作用。

5.2.2 客厅设计

客厅是居室设计的重中之重。如果要体现出某种风格,那么最值得花钱的地方就是客厅,它是设计师投入精力最多的场所之一,也是居室装饰的重点。

1. 客厅设计的基本要求

客厅是家庭生活的活动中心,是居室使用频率最高的空间,其功能综合多样,主要是会客、视听、休息、阅读等。基于客厅功能需求繁多,可以通过相互交错

🌐 图 5-7　玄关是进入居室的第一个空间

使用得以解决。客厅平面布局的主体是沙发,其布置形式基本决定了客厅的整体格局。沙发常采用的形式有 L 形布置、C 形布置、一字形布置、对角布置、对称式布置、地台式布置等（图 5-8）。

客厅顶面由于受到层高的影响,一般不适宜采用大面积吊顶,而以简洁的形式为主。电视背景墙是客厅装饰的重点部位,应与居室设计风格和客户的兴趣爱好相互结合,才能更好地体现出一个家庭的独特风格。

🌐 图 5-8　沙发是客厅的主要家具

客厅除了要考虑本身区域所涉及的种种问题外,还要处理好进门的过道、玄关与厨房、卫生间等其他空间的过渡关系,使之既具有自己的独立性,又与其他空间产生联系。

2. 客厅的设计要点

客厅地面材料的选择余地较大,根据居室设计风格定位,可以对材料类型、肌理及色彩进行合理地选择配置。常用的地面材料有实木地板、复合地板、玻化砖、地毯等。

客厅的色彩要兼顾居室设计风格及采光照明等因素,客厅色彩应有一个稳定的基调,既要体现客户的审美和爱好,还要与住宅的整个空间环境和谐统一。客厅色彩主调主要是通过顶面、墙面、地面来体现,利用家具和陈设品等进行调剂补充。

客厅是家庭的"心脏",这正是它需要高质量照明的最主要的原因。考虑到客厅的不同功能,照明应该灵活多样,并与美学结合,使之适合于所有活动的需要。作为公共区域,客厅的灯光照明应该丰富、有层次、有意境,营造并烘托出一种温馨、亲和的气氛。

5.2.3 餐厅设计

餐厅在居住空间中具有重要的地位,它解决的不仅是吃饭的问题,也是家人团聚、交流、商谈的地方。

1. 餐厅的基本形式

(1)独立式,此设置适合居住面积大的空间。餐厅的独立能确保家庭成员在此功能空间中的生活不受干扰。

(2)餐厅与客厅相连,这是一般居住空间采用的形式。让客厅与餐厅两个空间的合二为一,使它们的空间界限模糊,视觉空间在相互的延续中得到扩展。在处理这种空间形式时,可采用无间隔敞开式的布局、半间隔局部敞开的布局,或通过天棚、地面色彩、层高的变化等,形成特定的空间感(图5-9)。

💠 图5-9 餐厅与客厅相连

（3）餐厅与厨房,甚至与客厅相连体现出大空间的效果,这是受西方生活方式的影响而设计的空间,受到年轻人的推崇（图5-10）。但是由于西餐烹调加工形式与我国烹调加工形式有明显的不同,中式菜在烹饪过程中产生的油污容易污染空间,故这种形式要慎重考虑。

⚓ 图5-10　餐厅与厨房相连

2. 餐厅的设计要点

餐厅的设计与装饰,除了要遵循同居室整体设计相协调这一基本原则外,还应特别考虑餐厅的实用功能和美化效果。餐桌是餐厅的主要家具,其大小应和空间比例相协调,餐椅的舒适度也要考虑周全。酒水柜的形式可与餐桌、餐椅配套购置,也可根据空间单独设计。

餐厅的顶面设计,应以素雅、洁净材料做装饰,并用灯具作衬托,有时可适当降低吊顶,给人以亲切感。

餐厅的地面宜选用表面光洁、易清洁的材料,如地砖、地板等,局部可以用玻璃且下面有光源,便于制造浪漫气氛和神秘感。

餐厅的设计风格除考虑跟整个居室的风格相一致外,氛围上还应把握亲切、淡雅、温暖、清新的原则。假如餐厅面积较小,可考虑在餐桌靠墙的一面装上大的墙镜,既增强了视觉通透感,又通过反光使居室显得更加明亮,空间更加开阔。

5.3　居室私密空间设计

5.3.1　卧室设计

1. 卧室的基本要求

卧室属于私密性很强的空间,设计时应力求在隐秘、恬静、舒适、健康的基础上,再追求温馨的氛围和优美的格调。卧室分主卧室和次卧室,次卧室包括子女房、老人房以及客人房。

主卧室是家庭主人也就是夫妻睡眠、休息的空间,高度的私密性和安全感,是主卧室布置的基本要求

（图 5-11）。卧室首先要求满足休息睡眠的基本功能，其次兼顾休闲、梳妆、储藏功能。在布置家居时，床的位置不宜放在门的对面，以免影响人的休息和破坏私密性，床头两边分别布置床头柜。主卧室的梳妆活动一般以梳妆台为中心，采取活动式或嵌入式的家具形式。主卧室的储藏多以衣物、被褥为主，一般嵌入式的壁柜较为理想，这样有利于加强卧室的储藏功能。在高标准的住宅内，主卧室往往设有专用卫生间，保证了主人卫浴活动的隐蔽、便捷，也为美容、更衣、储藏提供了便利。

　　儿童房是主人专为子女设立的房间，室内布置应该是丰富多彩的，针对儿童的性格特征和生理特点，营造一个童话的意境，有利于安排儿童的课外学习和生活起居。儿童房的布置还要考虑儿童随着成长时空间的可变性。作为儿童的房间，书桌、书架是房间的另外一个中心区域，利用空间在墙上做搁板架，以及简洁实用的组合家具，很适合儿童使用（图 5-12）。

　　✿ 图 5-11　主卧室　　　　　　　　　　　　　✿ 图 5-12　温馨的儿童房

2. 卧室的设计要点

　　主卧室的顶面设计强调简洁，墙面宜选择墙布、墙纸、涂料、局部的木饰或软包装。地面一般以木地板或地毯为主，并常在床尾配置局部的羊毛地毯，以丰富地面材料的质感和色彩变化。主卧室的用色一般使用淡雅别致的色彩，如乳白、淡黄、粉红、淡蓝等色调，可创造出柔和宁静的气氛，局部可以使用一些较醒目的颜色点缀。儿童房的色彩应该鲜明、单纯，使用有童趣图案、色彩鲜明的窗帘、床单、被套等。

　　儿童房的顶面可设计成形状丰富、富于变化的造型，符合儿童好奇多动的天性。墙面装饰宜选用涂料、壁布或墙纸等，墙纸图案可以选择孩子喜欢的卡通人物、动物等造型。地面应选择软质的材料，如木地板、地毯等。在家具的选择上要充分考虑采用组合式、可变化、易移动、多功能的家具，家具尺度设计要合理，家具材料要环保，避免选择边角尖利的家具造型。

　　卧室灯光不宜过于明亮，尽可能使用调光开关和间接照明，避免躺在床上时眩光刺眼。另外，应注重创造和谐、朦胧、宁静的气氛，同时灯光的色温选择应注意与室内色彩的基调相协调。

5.3.2 书房设计

1. 书房的基本要求

书房是给主人提供一个阅读、书写、工作和密谈的空间,功能虽较为单一,但对环境的要求较高。以"静、雅"作为书房设计的核心,应以简洁雅致为主调,突出个人风格,充分体现主人的个性和品位(图 5-13 和图 5-14)。

✿ 图 5-13 书桌和书柜是书房的主要家具

✿ 图 5-14 现代书柜兼有展示功能

根据空间条件,书房可以采用开放式、封闭式和兼容式三种不同形式。封闭式书房是指专用书房,具有独立清净的空间环境。开放式书房有一个或两个无围合的侧界面,空间开敞明快。兼容式书房是与其他功能相融兼顾使用的书房空间。

书房在居室中的位置应处于相对安静的区域,并保证有良好的采光环境。书房一般划分出工作区域、阅读藏书区域,还应兼顾设置休闲和会客的空间。

2. 书房的设计要点

书房的地面应选择木地板、地毯等软质材料。为了充分利用空间,可将书架、书柜设计得与天花板等高,这样可使书架既能作为空间隔墙,又可储存书籍资料和艺术品展示。计算机设备也应该在书房内充分考虑,给予各方面条件的满足。

书房的色彩选择及配置应避免采用大面积高饱和度色块产生的强烈对比,一般多选择相对沉稳的色彩,这有助于人的心理平静。家具应与四壁的颜色使用同一个色调,为打破单调感,利用小摆件的色彩进行点缀、丰富书房的色彩环境。

书房的照明要求光线柔和、明亮,以利于学习和工作。一般书房照明采用整体照明和局部照明相结合的方式,工作面以台灯局部照明为主。

5.3.3 卫生间设计

卫生间是供居住者进行便溺、盥洗等活动的空间。当代人们对卫生间及其卫生设施的要求越来越高,卫生间设计已成为居住空间设计的重点 (图 5-15)。

✪ 图 5-15　人们对卫生间的装修标准要求越来越高

1. 卫生间的基本要求

面盆、马桶 (或蹲便器)、浴缸 (或淋浴房) 是卫生间的"三大件",其基本的布置方法是从卫生间门口开始,逐渐深入。洗手台向着卫生间门,马桶紧靠其侧,把淋浴间设在最里端,这样无论从使用、功能还是美观上都最为科学。

卫生间的顶部照明可以选择与浴霸统一设计,也可以单独设计,灯光一般采用暖色调。镜前灯的设计应该选择柔弱并且暖色的光源作为照明,从而增加温暖、宽敞的效果。

2. 卫生间的装饰要点

卫生间的装饰应该以安全、简洁为原则,因为人们在卫生间活动时,较其他空间更容易擦伤或滑倒,因此,装修材料特别是墙面砖的选择应尽量挑选表面光滑、无突起和尖角的材料,以避免擦伤或滑倒。卫生间要避免过分花哨和繁杂的装饰,应以简洁、素雅为主,创造一个易于清洁和精神放松的环境 (图 5-16)。

卫生间在施工过程中要注意防水的处理。卫生间的结构和用途决定了卫生间防水的复杂性与重要性,防水做得好,会减少很多不必要的麻烦。聚氨酯防水膜总厚度要求在 1.5mm 以上。管根、墙角加强层处先刷防水膜,常温下 4h 表面晾干后,再大面积涂刷、涂刮,不能漏刮并出现鼓泡现象。大面积涂刷 24h 固化后再涂刷下一层。最后待地面防水涂层干透后做 48h 的试水测试。做墙面防水的时候,防水层一定要在铺墙面瓷砖之前完成。

✿ 图 5-16 磨砂玻璃隔断

5.4 居室家务辅助空间设计

5.4.1 厨房设计

厨房是家庭生活用具最多、使用频率最高的地方,需要满足存放与使用功能、洗刷储存功能、备料烹饪功能等。按照厨房空间类型的特点可分为封闭式厨房和开敞式厨房,后者是一种与餐厅,甚至与客厅相连的敞开式空间形式 (图 5-17)。

1. 厨房的布局

厨房中的活动内容繁多,可以简单地归纳为储存、洗涤、备膳、烹饪、盛食品等。动作设计是按照烹饪工作操作流程安排的,因此,设计时应沿着三项主要设备即冰箱、水槽和炉灶组成三角形合理的空间布局。

厨房橱柜设备的平面布局常用的形式有一字形、并列形、L 形、U 形和岛式,在设计中应根据开间进深尺寸、入口位置及是否设有生活阳台等实际情况进行布局。

1) 一字形厨房

一字形厨房是指在厨房一侧布置橱柜设备的形式,多用于长形厨房或空间狭长的厨房。一字形厨房的特点是功能紧凑,以水槽为中心,在左右两边作业。但是作业线的总长一定要控制在 4m 以内,这样才能产生精巧、便捷的效果,所以这种布局形式适合面积较小的厨房。

✿ 图5-17 封闭式厨房

2）并列形厨房

并列形厨房是指沿厨房两边墙并列布置成走廊状,一边布置为水槽、煤气灶、烹饪区,另一边布置为配餐区、冰箱。这种布局形式的行走路线方便,能容纳较多的厨房设备,空间使用率高,较为经济合理。

3）L形厨房

L形厨房是指在厨房两相邻墙上连续布置橱柜和设备。这种布局形式相对符合厨房炊事行为的操作流程,是厨房中最节省空间的设计。

4）U形厨房

U形厨房是指三边均布置橱柜,功能分区明显,储存空间充足,设备布置较灵活。一般将水槽置于U形的底部,将配餐区和烹饪区分设在两翼,使工作路线成正三角形。这种布局形式一般适合面积较大、接近方形的厨房。

5）岛式厨房

岛式厨房在西方国家非常普遍,即在厨房中间设置一个独立的料理台或工作台,有的还配置一个灶台或水槽,家人可以在上面共同准备餐点或就餐。这种布局形式适合面积15m²以上的大空间厨房。

2. 厨房的装修要点

1）界面设计

厨房顶面要求耐热、耐腐、易清洁、无毒,故常选用PVC板材、铝合金扣板等装饰材料。厨房墙面设计常结合橱柜造型,选用釉面砖铺贴。厨房地面容易产生油污,应选用防水、耐磨、防滑、易清洁的地砖。

2）橱柜设计

橱柜的设计是厨房设计的重点,应从以下几点考虑:①橱柜要与厨房使用的家电如消毒柜、炉灶和抽油烟机等相结合,达到方便、顺手的目的;②橱柜的造型风格应与其他空间风格协调一致;③橱柜的设计还应符合人体工程学的要求;④橱柜的选材应注意材料的环保、防烫、防酸、耐刮等性能。

3）厨房的色彩与照明

厨房空间相对比较狭小,家电器皿等品种繁多,因此在色彩的选择配置上应以简洁明快、淡雅清爽的色彩为主。墙面色彩宜选用高明度、低彩度的色彩,起到衬托橱柜的作用。橱柜的柜体和台面的色彩应遵循单纯、协调的原则,特别是台面的色彩应选择以简洁素雅的中性色彩为主。

厨房设计应充分利用自然光线,并结合人工照明,创造简洁明亮的厨房空间,一般厨房的整体照度是50 ～ 100Lx,局部照明所需的照度是200 ～ 500Lx,这样可以有效地减轻视觉疲劳。

5.4.2　楼梯设计

楼梯是连接住宅垂直空间的桥梁,在二层以上的住宅楼中,楼上通常是私密空间,如主卧室、小孩房以及书房等,而楼下是客厅、餐厅、厨房等,楼梯能很严格地将公共空间和私密空间隔离开来。在多数住宅中,楼梯的位置往往沿墙或沿拐角设置,以提高空间利用率。在高标准的别墅住宅中,楼梯的位置往往比较明显,充分展现了其自身魅力,成为一种表现住宅气势和空间塑造的重要手段。

1．楼梯的形式

楼梯按照制作材料可分为木质楼梯、金属楼梯、综合材料楼梯等类型。

（1）木质楼梯:外形可以采用简洁的设计,也可以采用仿古、仿欧式设计,给人以稳重、古典、豪华的感觉。

（2）金属楼梯:常用材料有铝合金和铜,多采用简练的线条与块面构成,给人一种冷静可靠、简洁大方、坚固耐用的感觉,适合现代风格的居住空间（图5-18）。

（3）综合材料楼梯:由钢、木、塑料、玻璃、铁艺等多种材料组成,用钢（铁）制作栏杆骨架,其他材料用于扶手和栏板的制作,适合装饰风格较现代的环境,给人新颖、温柔的现代感（图5-19）。

楼梯按照外形分为单跑、双跑、L形、弧线形、圆形旋转等楼梯形式。采用何种楼梯形式,要根据具体的空间条件来确定。

2．楼梯的设计要点

（1）受住宅空间的限制,楼梯的尺度比公共建筑中的楼梯尺度要小得多。居住空间的楼梯宽度达到800mm即可,保证上下两人之中一方侧身,另一方可以通过。楼梯踏步的高度一般为150 ～ 180mm,宽度为250 ～ 300mm。

（2）楼梯是由踏步、栏杆和扶手组成。为防止从楼梯上摔下来,对栏杆的高度和密度有一定的要求,如高度通常在900mm以上,高于大人身体的重心点,密度要小于18mm,保证3岁左右的儿童的头部和身体不能穿出栏杆外。

（3）楼梯上照明一定要亮,同时注意在踏步面不产生阴影。

（4）台阶的拐角处要采取防滑措施。铺地毯时一定要固定在地面以防止滑动。

✚ 图 5-18　金属楼梯

✚ 图 5-19　玻璃的巧妙运用让楼梯变得玄幻、轻盈

第6章 设计施工与实践

6.1 室内制图与规范

6.1.1 工程图的作用与意义

室内设计师要想精确地表达自己的设计意图,就要通过工程图来实现,这也是用于指导项目施工的唯一依据。只有设计师头脑里的方案构思通过工程图表达出来,工程人员才能按图纸进行制作施工。毫无疑问,图纸表达得是否正确与施工的质量和最后的效果有直接关系。所有从事工程技术的人员都必须掌握制图的技能,否则,不会读图,就无法理解别人的设计意图;不会画图,就无法表达自己的设计构思。因此,理解规范并掌握正确的制图方法,才能使自己的设计得以完美展现,这也是室内设计师走好职业生涯的第一步。

6.1.2 制图的基本知识

1. 比例

比例是指图形与实物相对应的线性尺寸关系。室内设计图纸就是用恰当的比例表达实物的实际尺寸、缩小尺寸和放大尺寸。居住空间设计图纸常用的比例为 1:5、1:10、1:20、1:50、1:100、1:150、1:200 等。

2. 图线

任何图样都是用图线绘制的,图线是图样的最基本元素。图线有实线、虚线、点画线、双点画线、波浪线、折断线六类。各类线型、宽度、用法如表 6-1 所示。在同一张图纸上,相同比例的各图样应采用相同的线宽组。

3. 尺寸标注及单位

图样除了画出建筑物及各部分的形状外,还必须准确、详尽地标注尺寸,以确定其大小作为施工时的依据。图样上的尺寸由尺寸界限、尺寸线、尺寸起止符号和尺寸数字组成 (图 6-1)。尺寸线、尺寸界限应使用细实线,尺寸起止符号一般应使用中粗短斜线。

根据国家相关标准中的规定,图样上标注的尺寸,除标高和总平面图以米 (m) 为单位外,其余一律以毫米 (mm) 为单位。为了使图纸简明,图纸上的尺寸数字后不再注写单位。图纸上的尺寸应以所注尺寸数字为准,不得从图纸上直接量取。

表 6-1　图线的种类及用法

种　类	线　型	宽　度	用　法
标准实线		b	立面轮廓线、表格的外框线等
粗实线		b 或更粗	剖面轮廓线、剖面的剖切线、地面位置线、图框线等
中实线		0.5b	建筑平、立、剖面图中一般构配件的轮廓线,平、剖面图中次要断面的轮廓线,家具轮廓线,尺寸起止符号等
细实线		0.25b	图例线、索引符号、尺寸线、尺寸界限、引出线、标高符号、较小图形的中心线、瓷砖、地板接缝线,表格中的分割线等
细虚线		0.25b	不可见轮廓线
细点画线		0.25b	定位轴线、中心线（灯具）、对称线
细双点画线		0.25b	假象轮廓线、成型前原始轮廓线
折断线		0.25b	不需画全的断开界限
波浪线		0.25b	不需画全的断开界限

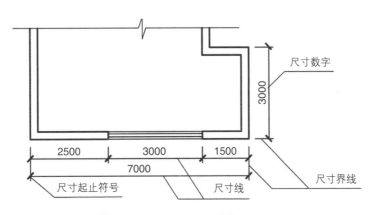

⊕ 图 6-1　尺寸标注（单位：mm）

4．符号

1）剖切符号

剖面的剖切符号由剖切位置线和剖视方向线组成,均以粗实线绘制。剖切时剖切符号不能和图面上的图线相接触,剖视方向线垂直于剖切位置线。剖切符号用阿拉伯数字按顺序从左至右、从下至上进行标注,在剖视方向线的两端（图6-2）。

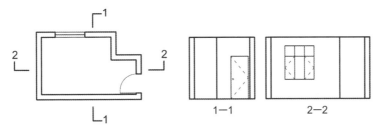

⊕ 图 6-2　剖切符号实例

2）索引符号与详图符号

（1）索引符号。图样中的某一局部或构件如需另见详图,应以索引符号索引（图6-3）。索引符号的圆圈用细实线绘制,圆的直径为10mm（图6-4）。

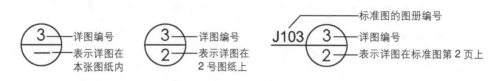

❀ 图6-3　索引符号

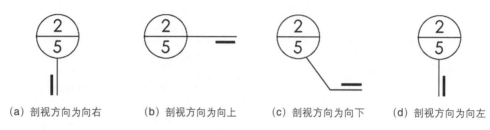

（a）剖视方向为向右　　（b）剖视方向为向上　　（c）剖视方向为向下　　（d）剖视方向为向左

❀ 图6-4　索引剖面详图的索引符号

（2）详图符号。详图的位置和编号应以详图符号表示,详图符号的圆应以粗实线绘制,直径为14mm（图6-5）。

5．建筑构件图例

居住空间平面图纸经常涉及门窗、楼梯的绘制。为了方便绘图,加快作图速度,建筑制图标准（GB/T 50104—2001）对这些建筑构件的画法做了规定,如表6-2所示。

详图与被索引图　　详图编号为3号,被索
在同一张图纸上　　引的图在2号图纸上

❀ 图6-5　详图符号

表6-2　建筑构件图例

图　　例	名　　称	图　　例	名　　称
	旋转门		墙外单扇推拉门
	单扇门（包括平开或单面弹簧）		墙中单扇推拉门
	双扇门（包括平开或单面弹簧）		双面弹簧门
	推拉门		双向开门

图　例	名　称	图　例	名　称
	折叠门		双扇单层外开平开窗
	伸缩隔门		双层内外开平开窗
	钢纸卷门		推拉窗
	纱门		立转窗
	双扇防火门及防火墙		带护栏的窗
	固定窗	向上	1. 上图为底层楼梯平面，中图为中间楼梯平面，下图为顶层楼梯平面
	上悬窗、中悬窗、下悬窗、上推窗	向下　向上	2. 楼梯及栏杆扶手的形式和楼梯踏步数应按实际情况绘制
	单扇单层外开平开窗	向下	

6.2　施工图设计与表现

居住空间施工图是为了将设计方案能够准确表达在实际的场地中的一种方法，施工图设计应是实现方案构思的必要手段，更是因为有施工图设计的存在，我们的设计方案才能由工程施工单位真正实施。因此，施工图是按照装饰设计方案确定的空间尺度、构造做法、材料选用、施工工艺等，并遵照建筑及装饰设计规范所规定的要求编制的用于指导装饰施工生产的技术文件。装饰工程施工图同时也是进行造价管理、工程监理等工作的主要技术文件。

一套完整的居住空间施工图应包括封面、图纸目录、平面图、顶面图、立面图、详图、水电设备图等以及各类物料表。平面图、顶面图、立面图、详图是施工图纸的主要组成部分。施工图的技术要求应严格按照国家或行业《建筑装饰装修制图标准》执行。封面的内容包括项目名称、图纸性质（方案图、施工图、竣工图）、时间、档号、公司名称等。图纸目录应与具体的图纸图号相对应，同时应制作出详细的索引，以方便查阅。

6.2.1 平面图

　　平面图（图 6-6 和图 6-7）是施工图的基本样图，它是假想用一水平的剖切面沿门窗洞位置将房屋剖切后，对剖切面以下部分所做的水平投影图。它反映建筑物的功能需要、平面布局及其平面的构成关系，是决定房屋立面及内部结构的关键环节。所以，平面图是居住空间的施工及施工现场布置的重要依据，也是设计及规划给排水、强弱电、暖通设备等专业工程平面图和绘制管线综合图的依据。

　　别墅住宅的平面图稍复杂一点，一般有首层平面图（房屋第一层房间的布置、建筑入口、门厅及楼梯等）、二层和三层平面图（房屋中间各层的布置）、顶层平面图（房屋最高层的平面布置图）。需要注意的是，首层平面图又称一层平面图，它是所有平面图中首先绘制的一张图，绘制此图时，应将剖切平面选在房屋的首层地面与从一楼通向二楼的休息平台之间，且要尽量包括该层上所有的门窗洞。

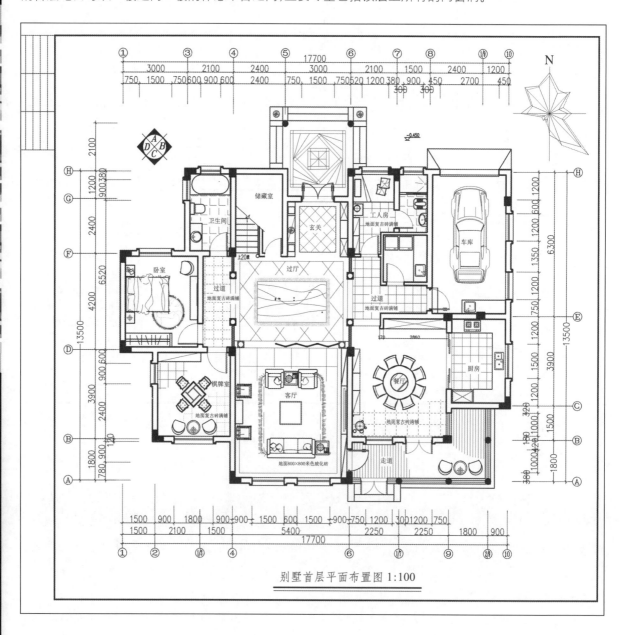

别墅首层平面布置图 1:100

● 图 6-6　某别墅首层平面布置图

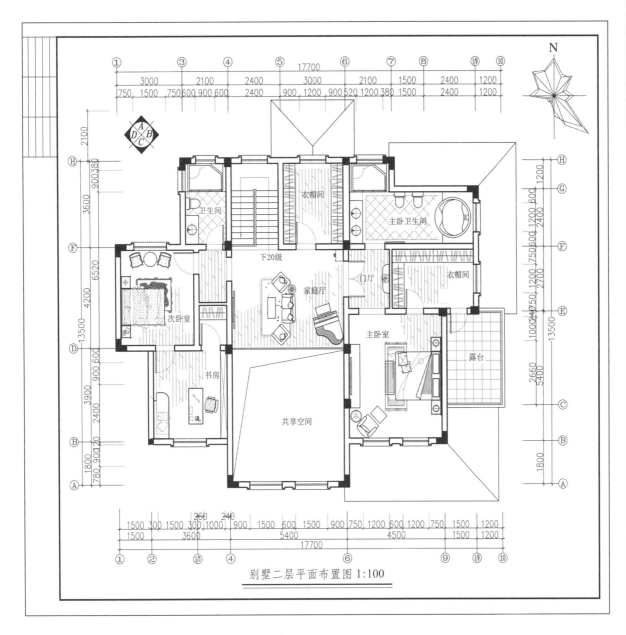

图 6-7　某别墅二层平面布置图

具体来说,平面图所要表达的内容主要有以下方面。

(1) 反映家具及其他设置(如卫生洁具、厨房用具、家用电器、室内绿化等)的平面布置。

(2) 反映各房间的分布及形状大小、门窗位置及其水平方向的尺寸。

(3) 注全各种必要的尺寸及标高等,注明内视符号。

(4) 指北针的标注需清晰、准确地放在图框右上角。

6.2.2　顶面图

顶面图(图 6-8 和图 6-9)又称天花图或吊顶平面图。为了表达室内顶棚的设计做法,我们设想与顶面相对应的地面为整片镜面,顶面所有的形象都可以映射在镜面上,通过这种映射将顶棚的所有设计内容用平面图的形式表达出来,这样绘制顶面图的图法叫作镜像视图法。用此种方法绘制的顶面图其纵、横

轴线与平面图完全一致,对照呼应,易于识别。顶面图主要表示室内空间顶面装饰装修的构造、形状、标高、尺寸、材料及设备的位置。常用比例与平面图相同。

具体来说,顶面图所要表达的内容主要有以下几个方面。

(1)反映空间顶面的处理方法,包括主要材质、造型以及尺寸标注。

(2)以地面为基准标出吊顶各标高。

(3)反映吊顶灯具、各设备布置形式,暗装灯具用虚线表示。

(4)窗帘盒位置及做法。

(5)伸缩缝、检修口的位置,并用文字注明其装修处理方式。

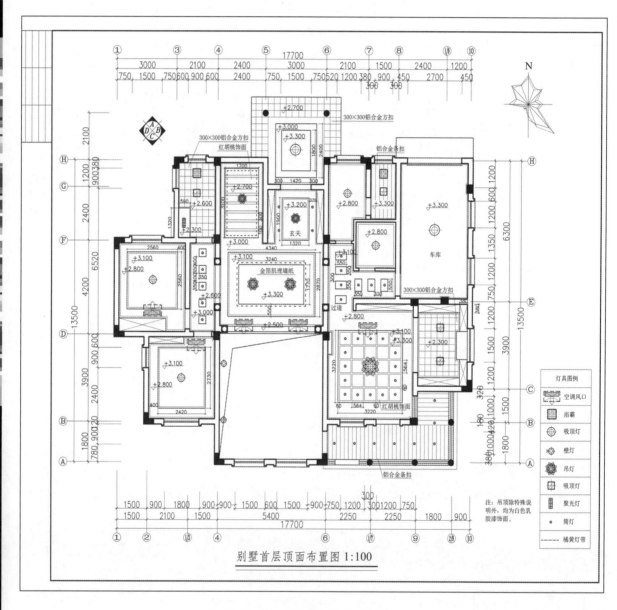

别墅首层顶面布置图 1:100

✢ 图 6-8 某别墅首层顶面布置图

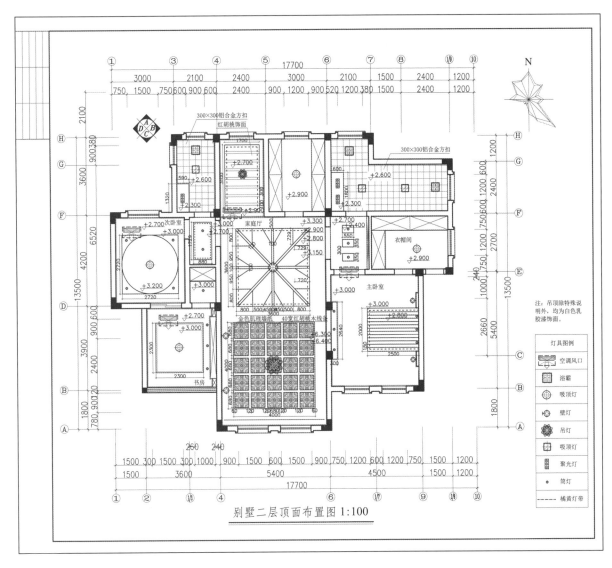

別墅二层顶面布置图 1:100

⚓ 图 6-9　某别墅二层顶面布置图

6.2.3　立面图

立面图（图 6-10 和图 6-11）是平行于室内各方向墙面的正投影图。立面图表现的图像大多为可见轮廓线所构成，可用来表达建筑内部的完整形象或室内装修的构配件。立面图直观的表示方法令人清晰易懂。室内立面图有时也伴随剖面图同时出现，也称为剖立面图。室内立面图可以不画出可移动的家具，重点表现墙面及有关的室内装饰，研究各墙面的相互关系和墙面的相互衔接及其装饰做法。

具体来说，立面图所要表达的主要内容有以下几个方面。

（1）反映墙面造型、家具位置和必要的陈设品。

（2）标注立面造型的详细尺寸，固定家具的位置和尺寸要标注。

（3）注明立面装饰材料的名称及构造方法。

（4）标明与详图对应的索引符号。

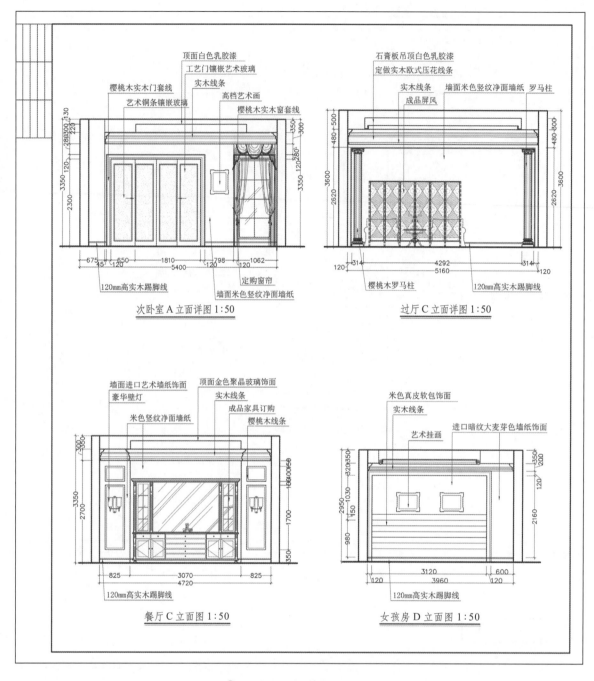

顶面白色乳胶漆
工艺门镶嵌艺术玻璃
樱桃木实木门套线
艺术铜条镶嵌玻璃
实木线条
高档艺术画
樱桃木实木窗套线
120mm高实木踢脚线
定购窗帘
墙面米色竖纹净面墙纸

次卧室A立面详图1:50

石膏板吊顶白色乳胶漆
定做实木欧式压花线条
实木线条
墙面米色竖纹净面墙纸
罗马柱
成品屏风
樱桃木罗马柱
120mm高实木踢脚线

过厅C立面详图1:50

墙面进口艺术墙纸饰面
豪华壁灯
米色竖纹净面墙纸
顶面金色聚晶玻璃饰面
实木线条
成品家具订购
樱桃木线条
120mm高实木踢脚线

餐厅C立面图1:50

米色真皮软包饰面
实木线条
艺术挂画
进口暗纹大麦芽色墙纸饰面
120mm高实木踢脚线

女孩房D立面图1:50

✿ 图6-10 某别墅立面图一

6.2.4 详图

　　室内设计施工图中的详图（图6-12和图6-13）是装修工程较详细的施工图。因为平、立、剖面图受图幅、比例的制约，往往无法表示清楚装修工程细部、装饰构配件和一些装修剖面节点的详细构造，而根据施工需要，必须另外绘制比例较大的图样才能表达清楚，这种图样称为详图，包括装饰构配件详图和剖面节点详图。所以，详图是室内平、立、剖面图的深化和补充。详图一般采取1：2～1：30的单位比例。

　　具体来说，详图所要表达的主要内容有以下几个方面。

　　（1）按照放大比例详细绘出局部构造的做法。

　　（2）标注与立面图对应的详图符号。

　　（3）尺寸标注详细，用材及做法、材质色彩、施工要求等都应标注得简洁、准确、完善。

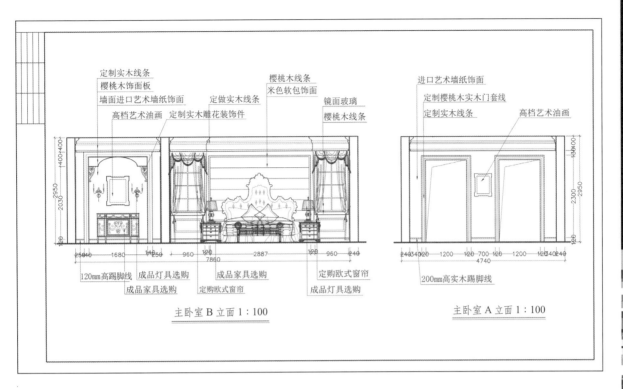

定制实木线条
樱桃木饰面板
墙面进口艺术墙纸饰面
高档艺术油画 定制实木雕花装饰件
定做实木线条
樱桃木线条
米色软包饰面
镜面玻璃
樱桃木线条
进口艺术墙纸饰面
定制樱桃木实木门套线
定制实木线条
高档艺术油画

120mm高踢脚线
成品家具选购
成品灯具选购
成品家具选购
定做欧式窗帘
定购欧式窗帘
成品灯具选购
200mm高实木踢脚线

主卧室 B 立面 1:100

主卧室 A 立面 1:100

✛ 图 6-11　某别墅立面图二

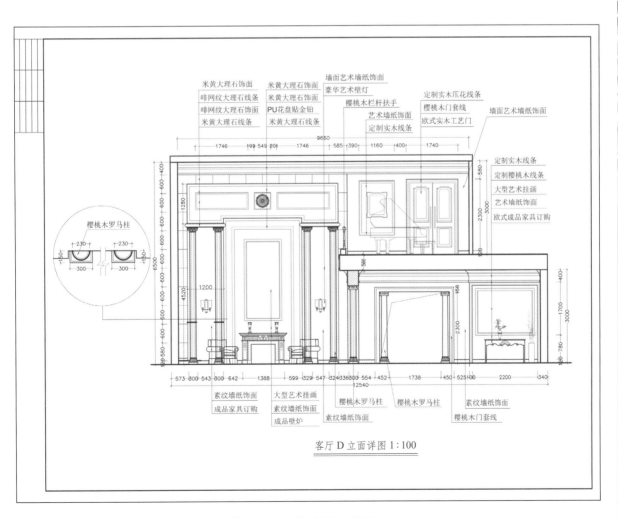

米黄大理石饰面
啡网纹大理石线条
啡网纹大理石饰面
米黄大理石线条
米黄大理石饰面
米黄大理石饰面
PU花盘贴金铂
米黄大理石线条
墙面艺术墙纸饰面
豪华艺术壁灯
樱桃木栏杆扶手
艺术墙纸饰面
定制实木线条
定制实木压花线条
樱桃木门套线
欧式实木工艺门
墙面艺术墙纸饰面

樱桃木罗马柱

定制实木线条
定制樱桃木线条
大型艺术挂画
艺术墙纸饰面
欧式成品家具订购

素纹墙纸饰面
成品家具订购
大型艺术挂画
素纹墙纸饰面
成品壁炉
樱桃木罗马柱
素纹墙纸饰面
樱桃木罗马柱
素纹墙纸饰面
樱桃木门套线

客厅 D 立面详图 1:100

✛ 图 6-12　某别墅立面详图一

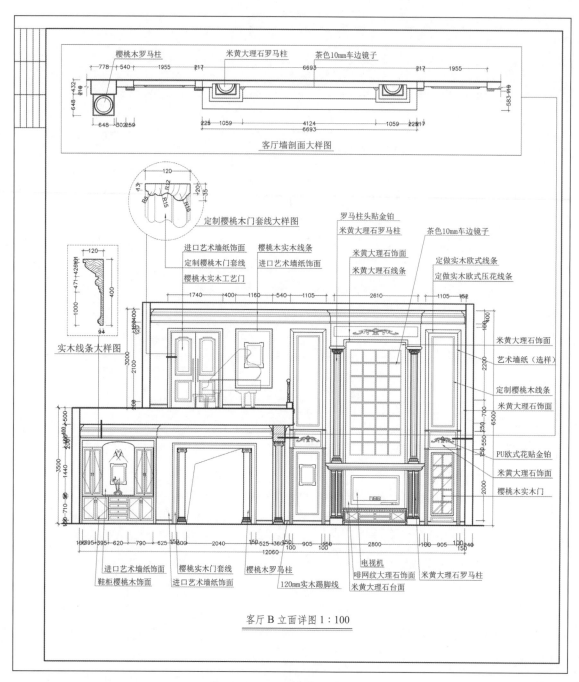

客厅墙剖面大样图

定制樱桃木门套线大样图

实木线条大样图

客厅B立面详图1:100

⊕ 图6-13　某别墅立面详图二

6.3　居住空间装饰材料与施工工艺

　　居住空间的装修施工过程是设计付诸实现的过程。一般情况下,居住空间装修工程的施工顺序是:建筑结构改造→水电布线→防水工程→瓷砖铺装→木工制作→木质油漆→墙面涂饰→地板铺装→水电安装→设备安装→污染治理→卫生清洁→吉日入住。

　　居住空间装修各工种进场施工的顺序是:瓦工→水电工→泥水工→木工→油漆工→水电工→设备安装工→污染治理工→清洁工。在制定具体施工程序时,通常应注意统筹安排、成品保护和安全环保等基本原则。下面从楼地面装饰工程、墙面装饰工程、顶面装饰工程三个方面介绍居住空间常见装饰材料与施工工艺。

1．陶瓷地砖

陶瓷地砖是黏土经高温烧制而成,具有表面致密光滑、质地坚硬、耐磨、耐酸碱、防水性能好、质感生动、色彩艳丽的特点。目前,常用于居住空间地面的陶瓷地砖有玻化砖、通体砖、仿古砖等。

1）玻化砖

玻化砖又称全瓷砖,是使用优质高岭土强化高温烧制而成,质地是所有瓷砖中最硬的一种,也是目前居住空间地面使用最多的材料。玻化砖不但具有天然石材的质感,还具有耐磨、吸水率低、色差少、色彩丰富等优点。玻化砖的规格一般较大,常用的规格（长 × 宽 × 厚）通常为 600mm × 600mm × 10mm、800mm × 800mm × 10mm 等。

2）通体砖

通体砖是一种表面不施釉的陶瓷砖,而且正反两面的材质和色泽一致,只不过正面有压印的花色纹理。通体砖属于耐磨砖,常用的规格（长 × 宽 × 厚）通常为 300mm × 300mm × 5mm、400mm × 400mm × 6mm、500mm × 500mm × 6mm、600mm × 600mm × 8mm 等。

3）仿古砖

仿古砖是用成型的模具压印在普通瓷砖或全瓷砖上,铸成凹凸的纹理而成,其古朴典雅的形式受到人们的喜爱。仿古地砖多为橘红、土红、深褐等色,部分砖块设计时还带有拼花效果,视觉上有凹凸不平感,但有很好的防滑性,因此多用于室外阳台。仿古砖的常用规格（长 × 宽 × 厚）通常为 300mm × 300mm × 5mm、600mm × 600mm × 8mm、800mm × 800mm × 10mm 等。

4）铺贴地砖的施工工艺

铺贴地砖的施工工艺如图 6-14 所示。

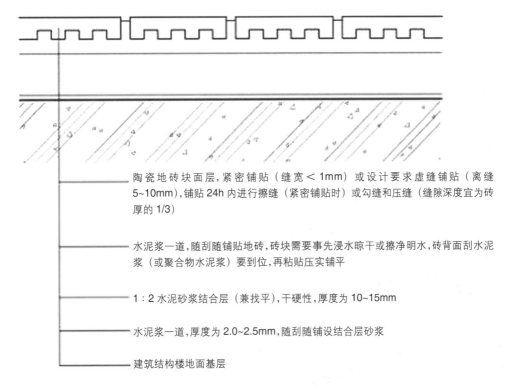

陶瓷地砖块面层,紧密铺贴（缝宽＜1mm）或设计要求虚缝铺贴（离缝5~10mm）,铺贴24h 内进行擦缝（紧密铺贴时）或勾缝和压缝（缝隙深度宜为砖厚的 1/3）

水泥浆一道,随刮随铺贴地砖,砖块需要事先浸水晾干或擦净明水,砖背面刮水泥浆（或聚合物水泥浆）要到位,再粘贴压实铺平

1：2 水泥砂浆结合层（兼找平）,干硬性,厚度为 10~15mm

水泥浆一道,厚度为 2.0~2.5mm,随刮随铺设结合层砂浆

建筑结构楼地面基层

✚ 图 6-14　地面铺陶瓷地砖的构造图

（1）铺贴前，应对砖的规格尺寸、外观质量和色泽等进行预选，并应浸水湿润后晾干。

（2）用1：2水泥砂浆在地砖背面和地面涂抹一层，厚约10mm，地砖铺设就位后用灰刀轻轻敲击地砖直到水平。在铺贴过程中地砖应紧密结实，砂浆应饱满，并严格控制标高。

（3）地砖的缝隙宽度应符合设计要求。留缝铺砌时，要求缝宽一致，一般为5～10mm；碰缝铺砌时，缝宽应小于1mm。

（4）地砖铺贴应在24h内进行擦缝工作，随处理砖缝随清理残余水泥，并做好成品的保护。

2. 木质地板

木质地板主要有实木地板、实木复合地板和强化复合地板、竹地板等几大类。地面铺设木地板的特点是易清洁、不起灰，隔热保温、吸声性能好，脚感舒适，给人以自然、温暖、亲切的感觉，特别是木质表面自然优美的纹理及色泽，具有良好的装饰效果。

1）实木地板

实木地板是采用天然木材，经过加工处理后制成条板或块状的地面铺设材料。实木地板具有无污染、自重轻、弹性好、档次高、冬暖夏凉的优点。实木地板的规格一般宽度为90～120mm，长度为450～900mm，厚度为12～25mm。实木地板表面可做烤漆处理，其光泽度好，安装简便。

2）实木复合地板

实木复合地板是利用珍贵木材或木材中的优质部分做表层，用较差的木材做中层或底层，然后经过高温高压制成的多层结构的地板。它是由不同树种的板材交错层压而成，具有较好的尺寸稳定性，并保留了实木地板的自然木纹和舒适的脚感。

3）强化复合地板

强化复合地板是将原木粉碎后，在其中添加胶、防腐剂、添加剂再经热压机高温高压压制而成的地板。强化复合地板的规格统一，强度和耐磨系数高，防腐、防蛀而且装饰效果好，无须上漆打蜡，使用范围较广，易于打理（图6-15）。

✿ 图6-15 强化复合地板是卧室的主要地面材料

4）竹地板

竹地板是近几年才发展起来的一种新型地面装饰材料，它以天然竹子为原料，经过高温高压拼压而成。竹地板以其天然赋予的优势和成型之后的诸多优良性能给居住空间设计带来一股绿色清新之风。

5）铺设强化复合地板（或实木复合地板）的施工工艺

（1）铺设前地面要平整、清洁、干燥。

（2）将产品配备的塑料薄膜铺在地上，起到防潮作用，同时增加地板弹性，防止地板磨损。

（3）地板铺设时通常从房间较长的一面墙开始，也可在与光线平行的一边开始铺设。长条地板块的端边接缝在行与行之间要相互错开。

（4）地板与墙（柱）面相接处但不可紧靠，要留出 8～15mm 宽度的缝隙，最后用踢脚板封盖此缝隙。

6）铺设实木地板的施工工艺

铺设实木地板的施工工艺如图 6-16 所示。

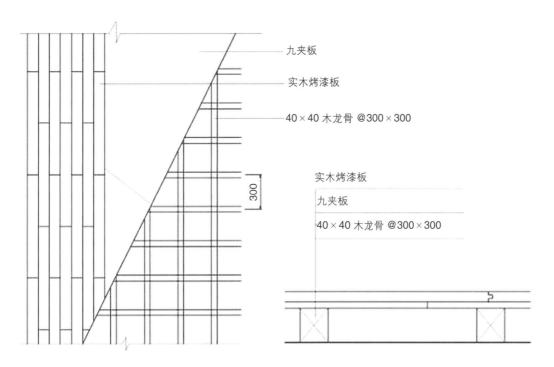

⊕ 图 6-16　地面铺实木地板的构造图（单位：mm）

（1）地面应平整、干燥。先在地面上钻孔打木楔，安装固定水柏油防腐处理后的木龙骨架，纵横间距为 300～400mm，与墙之间宜留出 30mm 的缝隙。

（2）根据需要在木龙骨上铺设一层九夹板，然后再安装实木地板。九夹板与龙骨夹角呈 30° 或 45°，用钉斜向钉牢。九夹板板间缝隙不应大于 3mm，与墙之间应留有 10～20mm 的缝隙。

（3）将企口实木地板一块一块排紧，可用地板钉固定在木龙骨架上，木板的端头接缝应在木龙骨上。条形木地板的铺设方向应考虑方便牢固，实用美观。对于走廊、过道等部位，铺设宜顺着行走方向。室内房间铺设宜顺着光线方向。在铺设方法上，有明钉法和暗钉法两种，目前采用较多的是暗钉法。铺设时，钉子要与表面呈 45° 或 60° 并斜钉入内。地板靠墙处应留 8～12mm 的缝隙，以防因排列过紧，膨胀后发生翘曲。

（4）企口地板铺好后，如果是素板，还需刨平、磨光，然后装上木踢脚板，待室内装饰工程完工后，再进行油漆、上蜡。

3. 地毯

1）材料特点

地毯具有吸音、隔声、保温、隔热、防滑、弹性好、脚感舒适以及外观优雅等特点，其铺设施工也较为方便快捷，是居住空间常用的地面装饰材料。地毯按表面纤维形状，可分为圈绒地毯、割绒地毯及圈割绒地毯三种。目前，市场上地毯的品种主要有纯毛地毯、混纺地毯、化纤地毯和剑麻地毯等。

2）铺设地毯的施工工艺

（1）地毯铺设前，要求地面干燥、洁净、平整，表面无空鼓或宽度大于 1mm 的裂缝。

（2）测量房间的地面尺寸，确定铺设方向。裁剪地毯，每段的长度应比实际尺寸长出 20mm，宽度以裁去地毯边缘后的尺寸计算。按房间和地毯位置尺寸编号统一记录。

（3）用涂了黏合剂的玻璃纤维网带衬在两块待拼接的地毯下，将地毯粘牢，并按此法将地毯合拼成一整片。将地毯平放铺好，用弯针在接缝处做正面绒毛的缝合，以不显拼缝痕迹为准。

（4）铺设房间踢脚板。踢脚板离地面 8mm 左右，以便于地毯在此处掩边封口。

（5）沿房间四周靠墙脚处钉倒刺条板用以固定地毯，用水泥钢钉将倒刺条板钉于地面并固定好，应离开踢脚板 8～10mm 以方便敲钉。倒刺条板上的斜钉应向墙面。

（6）将地毯的一条长边先固定在倒刺条板上，将其毛边掩入踢脚板下，用地毯张紧器对地毯进行拉伸，直至拉平张紧，将其余三边牢固稳妥地勾挂于周边倒刺条板的钉钩上，并同时将毛边塞入踢脚板下，如图 6-17 和图 6-18 所示。

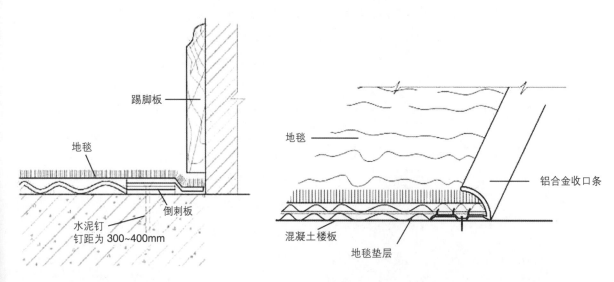

图 6-17　地毯铺设施工　　　　　　　图 6-18　铺设地毯时铝合金收口条示意图

（7）不同部位的地毯收口按设计要求分别采用铝合金 L 形倒刺收口条、带刺圆角锑条或不带刺的铝合金压条（或其他金属装饰压条），以牢固和美观为原则。

6.3.2　墙面装饰工程

1. 乳胶漆饰面

1）材料特点

乳胶漆是由各种有机物单体经乳液聚合反应后生成的聚合物，它以非常细小的颗粒的形式分散在水中,形成乳状液体。乳胶漆是居住空间墙体饰面做法中最常见也是最简便的一种墙面装饰方式。目前,乳胶漆经过计算机调色,有上百种颜色可供选择,极大地丰富了墙面装饰效果（图 6-19）。

🔂 图 6-19　红色的墙面采用乳胶漆饰面

2）施工工艺

（1）基层处理：先将墙体表面的灰块、浮渣等杂物铲除,并清扫干净。

（2）满刮第一遍腻子：要求刮抹平整、均匀,尽量刮薄,不得漏刮,接头不得留槎。待第一遍腻子干透后,用粗砂纸打磨平整。

（3）满刮第二遍腻子：第二遍腻子的刮法同第一遍,但刮抹方向与前一遍相垂直。待第二遍腻子干透后,用粗砂纸打磨平整。

（4）涂刷底漆：喷涂一遍,涂层需均匀,不得漏涂。

（5）涂刷第一遍乳胶漆：先作横向涂刷,再作纵向涂刷,将乳胶漆赶开、涂匀,对于小的边角,用毛刷补齐。第一遍乳胶漆涂刷结束 4h 后,用细砂纸磨光。

（6）涂刷第二遍乳胶漆：第二遍乳胶漆刷好后用细砂纸磨光。

（7）清扫：清除遮挡物,清扫飞溅物料。

2. 饰面砖饰面

1）材料特点

（1）釉面砖。釉面砖是指用于卫生间、厨房内墙贴面装饰的薄片精陶建筑材料,其表面施釉所形成的外观效果,具有质感细腻、色彩鲜艳、色泽稳定、装饰效果好等优点。

（2）玻璃马赛克。玻璃马赛克是以玻璃原料为主,采用熔融工艺生产的小块预贴在编织网上的墙面镶贴材料。其产品外观有乳浊状、半乳浊状和透明状三种效果。现在常用的透明状玻璃马赛克俗称水晶玻璃马赛克,具有晶莹剔透、光洁亮丽、艳美多彩的特点。玻璃马赛克常用的规格（长 × 宽）有 10mm×10mm、20mm×20mm、25mm×25mm、50mm×50mm、100mm×100mm 等。厚度一般为 4mm,也可根据需要定制。在铺贴方式上,主要采用网状联正铺贴。

2）釉面砖施工工艺

釉面砖施工工艺如图 6-20 所示。

（1）墙体基层应湿润、洁净、平整。

（2）釉面砖置于清水中浸泡不少于 2h,取出阴干后方可使用。

（3）墙面弹线定位,先贴整体大面,再贴零星部位,从下而上,从右向左,所备砂浆为水泥∶沙∶107胶＝1∶2∶0.02,砂浆厚度为 6 ~ 10mm。

（4）釉面砖上墙之前,在其背面满刮黏结浆,上墙就位后用力按压,使之与基层表面紧密黏合。

（5）贴完一排后用靠尺横向靠平,并保证各砖的平整度一致,擦去缝中多余砂浆,待 24h 凝固后,用白水泥勾缝,棉纱清理。

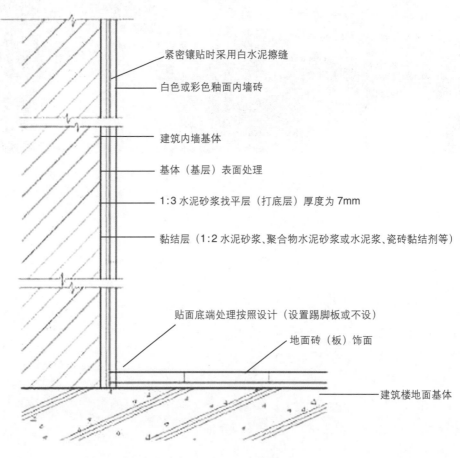

紧密镶贴时采用白水泥擦缝

白色或彩色釉面内墙砖

建筑内墙基体

基体（基层）表面处理

1:3 水泥砂浆找平层（打底层）厚度为 7mm

黏结层（1:2 水泥砂浆、聚合物水泥砂浆或水泥浆、瓷砖黏结剂等）

贴面底端处理按照设计（设置踢脚板或不设）

地面砖（板）饰面

建筑楼地面基体

✤ 图 6-20　釉面内墙砖贴面装饰的构造

3）玻璃马赛克的施工工艺

玻璃马赛克的效果如图 6-21 所示。

玻璃马赛克的工艺流程一般为：处理基层→抹找平层→刷结合层→排砖、分格、弹线→就位粘贴→调缝→清理表面。

⊕ 图 6-21　玻璃马赛克具有很强的艺术表现力

3．天然石材饰面

1）材料特点

天然石材包括花岗岩、大理石、青石板等,不仅具有天然材料的自然美感,而且质地密实、坚硬,耐久性、耐磨性较好,属于高档装修材料。在居住空间中,常用于电视背景墙等重要墙面的装饰。

2）施工工艺（直接粘结固定）

采用新型胶黏剂将天然石板直接粘贴于建筑墙体上。这种做法要求基层应是坚固的混凝土墙体或稳定的砖石砌筑体,镶贴高度一般不超过 3m。超过限制高度进行镶贴时,须采用小规格的板材,要求板块的边长不大于 400mm,或采用厚度为 10 ～ 12mm 的花岗岩薄板。

3）施工工艺（锚固灌浆施工）

大面积的墙面石材装饰宜采用锚固灌浆施工工艺,如图 6-22 所示。

（1）安装锚固件：用电钻打孔,采用直径大于 10mm、长度大于 110mm 的金属膨胀螺栓插入并固定好,作为锚固件。

（2）绑扎钢筋网：在锚固件上固定竖向、横向钢筋,形成钢筋网用来固定饰面石板。横向钢筋必须与饰面板连接孔的位置一致,第一道横筋绑在第一层板材下口上面约 100mm 处,此后每道横筋均绑在比该层板块上口低 10 ～ 20mm 处。

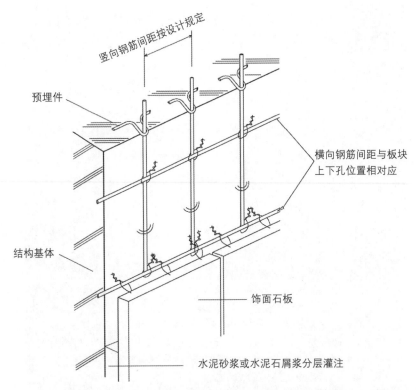

图 6-22　天然石材钢筋网绑扎灌浆安装示意图

（3）钻孔、开槽：在天然石材饰面板上开设金属丝绑扎孔或绑扎槽，板侧边清洗洁净并自然阴干。

（4）绑扎固定饰面石板：将双股铜丝对石板进行穿孔或套槽后与墙体钢筋网上的横向钢筋绑扎固定，板材离墙 30mm 左右，然后用木楔找平、垫稳。

（5）分层灌浆施工：用水泥砂浆分层灌注。第一层灌注高度为 150 ～ 200mm，及时将灌注的砂浆捣密实；第二层灌注高度约为 100mm；第三层灌浆至板材上口以下 80 ～ 100mm，所留余量为上排板材继续灌浆时的结合层。每排板材灌浆完毕，养护应不少于 24h，再进行其上一排板材的绑扎和分层灌浆。

（6）板缝处理：全部板材安装完成后，清理表面。饰面缝隙采用与石板颜色相同的水泥浆填抹。

4．木质类板材

1）材料特点

木质类板材分为基层板和饰面板两大类，它们主要是由天然木材加工而成，具体有实木板、胶合板、密度板、木芯板、刨花板、薄木皮装饰板、模压板、防火装饰板等。其中，胶合板、密度板、木芯板、刨花板等一般作装饰基层使用，而薄木皮装饰板、模压板、防火装饰板等用于饰面装饰（图 6-23）。

 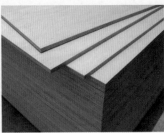 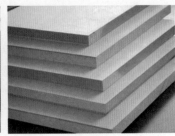

（a）木芯板　　　　　（b）胶合板　　　　　（c）密度板

图 6-23　常见的室内装饰板材

（1）胶合板。胶合板俗称夹板,是由沿年轮方向旋切成大张单板,经干燥、涂胶后按相邻单板层木纹方向相互垂直的原则组坯、胶合而成的板材。层数一般为奇数,如三夹、五夹、九夹、十三夹等胶合板(市场上俗称为三厘板、五厘板、九厘板、十三厘板)。胶合板的规格为 2440mm×1220mm,厚度分别为 3mm、5mm、9mm、13mm 等。胶合板具有幅面大、变形小、施工方便、可任意弯曲、抗拉性能好等优点,主要用于室内装修中木质制品的背板、底板,或隔墙、吊顶的曲面造型等。

（2）木芯板。木芯板又称细木工板,是用长短不一的实木条拼合成板芯,在上下两面胶贴 1～2 层胶合板或其他饰面板,再经过压制而成的,板芯常用松木、杉木、杨木、椴木等。木芯板取代了装修中对原木的加工,使工作效率大大提高。木芯板表面平整光滑,不易翘曲变形,强度高,加工简便,用途广泛。木芯板规格(长×宽)为 2440mm×1220mm,厚度为 15mm、18mm。木芯板在居住空间中常用于各种家具、隔墙、门窗套等饰面基层的制作等。

（3）密度板。密度板又称为纤维板,它是以木质纤维或其他植物纤维为原料,加入胶黏剂,再经高温、高压而成,其密度很高,所以称为密度板。按其密度的不同,分为高密度板、中密度板、低密度板。密度板规格为(长×宽)2440mm×1220mm,厚度为 3～25mm。密度板变形小,稳定性好,表面平整、便于加工、易于粘贴饰面。家具城的住宅家具主要是以密度板为基材,外表面覆有装饰层。密度板的主要缺点是甲醛含量较高。

（4）薄木皮装饰板。薄木皮装饰板俗称装饰面板,它是将珍贵的天然木材或科技木刨切成 0.2～0.5mm 厚度的薄片,黏附于胶合板表面,然后热压而成的一种用于室内装修或家具制造的表面材料。规格(长×宽×厚)为 2440mm×1220mm×3.5mm。

薄木皮装饰板分为天然板和科技板两种。天然薄木皮装饰板采用名贵木材,如枫木、榉木、橡木、胡桃木、红胡桃、樱桃木、柚木、花梨木、影木等,其价格也有较大的区别。科技板是人造木质装饰板,面层材料模仿天然板的木纹效果,价格比较低廉。薄木皮装饰板通常是根据表面装饰单板的树种来命名的,如榉木装饰板、胡桃木装饰板等。

薄木皮装饰板粘贴于胶合板、木芯板、密度板等基材表面。用这种方式装修,既具有木材的优美花纹,又能降低成本。

2）施工工艺

木质类板材用于室内墙面装饰装修,其结构主要由龙骨、基层、面层三部分组成。木质类板材饰面的施工工艺如下。

（1）安装木龙骨:按木龙骨的分档尺寸,在墙体表面弹出分格线,并钻孔打入防腐木楔,将木龙骨与木钉楔用圆钉固定。龙骨间距一般竖向间距宜为 400mm,横向间距宜为 300mm。

（2）刷防火漆:如果墙面是木质装修且内部隐藏电线的情况下,需要在基层木材料如木龙骨与基层板上涂刷防火漆,防火漆应把木质表面完全覆盖。

（3）基层板安装:基层板常采用胶合板和密度板,用圆钉将其固定在木龙骨骨架上,其钉眼用油性腻子抹平。密度板应预先用水浸透,自然阴干后再进行安装。

（4）饰面板的安装:在基层板材上通常安装面层装饰板,主要有实木板、薄木皮装饰板、模压板、防火装饰板等。安装前饰面板应按设计要求进行裁剪,用胶粘法进行安装,同时采用钉枪加强固定。在选用薄木皮装饰板作罩面时,如果设计有木纹拼花,则在安装前应进行选配,木纹的拼接要自然、协调,对预排的板块应进行编号,以确保墙面的整体效果。

5．玻璃饰面

1）材料特点

玻璃是居住空间常见的现代装饰材料，具有品种丰富、隔风透光、艺术表现力强的特点。玻璃加工制品种类繁多，可用于空间的各个界面，在立面造型中使用最多，常用作玻璃隔断墙和玻璃背景墙等。

（1）平板玻璃。平板玻璃也称白片玻璃，是未经其他工艺处理的平板状玻璃制品，表面平整且光滑，具有高度透明性能，主要用于门窗和隔断，起着透光、挡风和保温作用。平板玻璃可作进一步加工，成为各种技术玻璃的基础材料。玻璃规格（长 × 宽）不小于 1000mm×1200mm，厚度有 2 ~ 25mm 多种。

（2）磨砂玻璃。将平板玻璃的一面或者双面用金刚砂等磨料对其进行机械研磨，制成均匀粗糙的表面，所得产品称为磨砂玻璃。因玻璃表面被处理成均匀粗糙毛面，使透入的光线产生漫射，具有透光而不透视的特点。用磨砂玻璃进行装饰可使室内光线柔和，不刺目。

磨砂玻璃的图案设计能充分发挥设计师的艺术表现力，依照预先在玻璃表面设计好的图案进行加工，即可制造出各种风格的磨砂玻璃。

（3）压花玻璃。压花玻璃又称花纹玻璃。压花玻璃的单面压有深浅不同的各种花纹图案，由于表面凹凸不平，形成透光不透形的特点。压花玻璃的花形品种丰富，装饰效果佳，还可将玻璃表面喷涂处理成多种颜色。压花玻璃厚度一般以 3mm 和 5mm 较为常见。

（4）雕花玻璃。雕花玻璃又称为雕刻玻璃，是在普通平板玻璃上用机械或化学方法雕刻出图案或花纹的玻璃。雕花玻璃一般根据图样定制加工。雕花玻璃具有透光不透形、立体感强、层次分明、富丽高雅的特点。

（5）彩釉玻璃。彩釉玻璃是以平板玻璃和压花玻璃为基材，在表面印刷一层无机釉料，经过热化加工处理形成的一种玻璃产品；它具有功能多、装饰性强、颜色和花纹丰富的特点，可做成透明彩釉、聚晶彩釉和不透明彩釉等品种。彩釉玻璃在居住空间中常用作背景墙或隔断的装饰（图 6-24）。

（6）钢化玻璃。钢化玻璃是将普通平板玻璃先切割成要求的尺寸，然后加热到接近软化点时，再进行快速均匀的冷却而得到的。钢化玻璃具有抗冲击强度高（比普通平板玻璃高 4 ~ 5 倍）、抗弯强度大（比普通平板玻璃高 5 倍）、热稳定性好以及光洁、透明度高等特点。在遇到超强冲击破坏时，碎片呈分散细小颗粒状，无尖锐棱角，故又称安全玻璃。在居住空间中，钢化玻璃主要应用于大面积的玻璃隔断墙或无框玻璃门等部位。

（7）夹胶玻璃。夹胶玻璃也是一种安全玻璃，它是在两片或多片平板玻璃之间嵌夹透明塑料薄片，再经过热压黏合而成的平面或弯曲的复合玻璃制品。夹胶玻璃破碎时，只产生辐射状裂纹，不会伤人，故常用于屋顶天窗或入口雨棚等处。夹胶玻

☝ 图 6-24　绿色彩釉玻璃作隔断并起到点缀作用

璃中间可夹裂纹玻璃,成为居住空间常用的裂纹玻璃。夹胶玻璃的厚度一般为 8 ~ 25mm。

（8）玻璃砖。玻璃砖是由两块凹形玻璃相对熔接或胶接而成的一个整体砖块,其内腔制成不同花纹可以使外来光线扩散,具有透光不透形的特点。玻璃砖以方形为主,边长有 145mm、195mm、240mm、300mm 等规格。玻璃砖是一种隔音、隔热、保温、透光性好、装饰性强的材料,一般用于透光性要求较高的墙壁、隔断墙等处。

2）玻璃隔断墙的施工工艺

（1）制作边框:地面弹出位置线。将木芯板裁成条状,根据需要做成空心盒体（或钉成木方条）,以用作边框,固定于位置线上。

（2）边框开槽:边框的四周或上下部位应根据玻璃的厚度开槽,槽宽应大于玻璃厚度 3 ~ 5mm,槽深为 8 ~ 20mm,以用于玻璃的膨胀伸缩。

（3）固定玻璃:把玻璃放入木框槽内,并注入玻璃胶,钉上固定压条。待玻璃胶凝固后,即可把固定压条去掉。

（4）压条固定:边框的四周或上下部位也可不开槽,直接把玻璃放入木框内,然后用木压条或金属条固定。

3）玻璃背景墙的施工工艺

（1）安装龙骨:墙面基层应干燥、清洁、平整。在墙面安装木龙骨骨架时,可用木芯板裁成条状代替。

（2）安装夹板:在木龙骨上安装五夹板或九夹板,用以固定玻璃。

（3）玻璃的固定方法主要有三种:①在玻璃上钻孔,用镀铬螺钉把玻璃固定在衬板上;②用硬木、塑料、金属等材料的压条压住玻璃;③用环氧树脂把玻璃粘在衬板上。

6. 壁纸饰面

1）材料特点

壁纸饰面可对墙面起到很好的遮掩和保护作用,且又有特殊的装饰效果,改变了过去"一灰、二白、三涂料"的单调装饰手法。壁纸是以纸为基材,以聚氯乙烯塑料、纤维等为面层,经压延或涂布、印刷、轧花或发泡而制成的一种墙体装饰材料。壁纸的品种繁多,装饰图案和色泽多种多样。常用壁纸幅宽为 520mm,长为 10m。目前市场上常见的壁纸种类有塑料壁纸、织物壁纸、金属壁纸等（图 6-25 和图 6-26）。

2）施工工艺

（1）基层处理:墙面基层应平整、光滑、干燥、坚实。

（2）裁剪壁纸:以墙面的面积为基础,计算后再裁剪壁纸。壁纸的长度一定要比墙面上下多预留 5cm,对花壁纸则需考虑图案的对称性,故裁剪长度要依据图案重复的单元长度适当增加,两幅壁纸间的尺寸按重叠 2cm 计算。

（3）张贴壁纸:将胶黏剂涂刷在壁纸的背面和墙面上,依基准线由上而下张贴第一幅壁纸。

（4）刮平壁纸:用刮板由上而下、由中间向四周轻轻刮平壁纸,挤出气泡与多余的胶液,以免壁纸日后发黄,然后再将下一幅壁纸重叠 2cm 贴上。

（5）清洁:最后用湿毛巾将拼缝处的多余胶水擦净即可。

7. 软包饰面

1）材料特点

软包饰面在居住空间中用于卧室床头背景的设计。软包面料主要使用轧花织物或人造革,其手感柔软,艺术性强;软包填充层主要使用轻质且不易燃烧的多孔材料,如玻璃棉、岩棉、自熄型泡沫塑料等。软包饰面不但高雅舒适、温馨平和,而且吸音隔热效果很好（图6-27和图6-28）。

⊕ 图 6-25　壁纸的肌理效果　　　　　　　　⊕ 图 6-26　卧室温馨的花色壁纸

⊕ 图 6-27　床头背景多采用软包装饰　　　　⊕ 图 6-28　软包有多种表现形式

2）施工工艺

（1）基层处理：墙面基层应平整、光滑、干燥、坚实,同时需做防潮处理。

（2）弹线定位：按木龙骨的分档尺寸在墙面弹出分格线,线上钻孔并打入防腐木楔。

（3）木龙骨固定：将50mm×50mm木龙骨双向设置并与木楔用圆钉固定,龙骨间距要考虑分块衬板的大小。

（4）划块裁切：将软包面料和衬板按设计要求划块、裁切。软包面料剪裁时必须大于衬板尺寸,并足以在衬板两端各留下20～30mm的料头。

（5）安装第一块衬板：用衬板压住面料,压边 20 ~ 30mm,用圆钉钉于木龙骨上,然后在衬板和面料之间填入衬垫材料进而包覆固定。

（6）固定第一块衬板：衬板的另一端直接钉于木筋上。

（7）安装第二块衬板：第二块衬板包覆第二块面料,压在第一块衬板和面料上,用圆钉一起钉于木龙骨上,然后在衬板和面料之间填入衬垫材料进而包覆固定。

（8）以此类推完成整个软包装饰面,软包四周用收边条固定（图 6-29）。

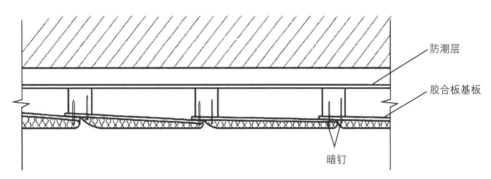

防潮层

胶合板基板

暗钉

⊕ 图 6-29 软包分块固定结构图

6.3.3 吊顶装饰工程

1. 轻钢龙骨纸面石膏板吊顶

1）材料特点

轻钢龙骨纸面石膏板是大面积吊顶的主要方式。轻钢龙骨作为吊顶骨架,型材以冷轧钢板、镀锌钢板等为原料经冷弯工艺生产而成,具有自重轻、强度高、耐火抗震、安装简便等优点。龙骨断面常见的有 U 形、C 形、L 形。U 形龙骨为承载龙骨,是吊顶龙骨骨架的主要受力构件;C 形龙骨为覆面龙骨,是固定罩面层的构件;L 形龙骨用作吊顶边部固定饰面板,又称为边龙骨。

纸面石膏板作为吊顶面层,是以建筑石膏为主要原料,掺入适量添加剂与纤维做板芯,以特制的纸板为护面,压制而成的板材,具有质轻、防潮阻燃、不易变形、易于加工安装和成本低廉的特点。常用规格：长度有 1800mm、2100mm、2400mm、2700mm、3000mm、3300mm、3600mm,宽度有 900mm、1200mm,厚度有 9.5mm、12mm、15mm、18mm、21mm。

2）施工工艺

（1）弹线：按吊顶平面图,在顶棚上弹出主龙骨的位置,主龙骨最大间距为 1000mm,并标出吊杆的固定点,吊杆的固定点间距为 900 ~ 1000mm。

（2）固定吊杆：采用膨胀螺栓固定吊杆,吊杆应做防锈处理。

（3）安装主龙骨：主龙骨吊挂在吊杆上,主龙骨应平行房间长向安装,同时应起拱,主龙骨的悬臂段不应大于 300mm,否则应增加吊杆。

（4）安装次龙骨：次龙骨应紧贴主龙骨安装,用 T 形镀锌连接件把次龙骨固定在主龙骨上。边龙骨的安装按设计要求弹线,用自攻螺丝固定在预埋木砖上。

（5）安装纸面石膏板：纸面石膏板的两端接缝错开。就位后,再将自攻螺丝拧紧,自攻螺丝间距不得大于 150mm。钉眼应做除锈处理,并用石膏腻子抹平。

（6）纸面石膏板根据设计要求可刮腻子并刷乳胶漆,也可裱糊壁纸等。

2．木龙骨胶合板罩面装饰吊顶

1）材料特点

木龙骨胶合板罩面装饰吊顶广泛应用于较小规模且造型复杂多变的室内空间。将木龙骨架安装完成后，即可用蚊钉枪打钉固定胶合板基层。普通的胶合板可作为进一步完成各种饰面的基面，如刮腻子并刷乳胶漆、裱糊壁纸、贴覆薄木饰面板或饰面金属板、钉装或粘贴镜面玻璃等。

2）施工工艺

（1）弹线：根据吊顶的设计标高在四周墙面上弹线。设计有边龙骨时，弹线后将边龙骨固定在四周墙上。

（2）安装木龙骨：所有主、次龙骨以及按迭级造型要求增设的附加龙骨等构件安装到位后，进行全面校正，骨架中间部分应起拱（图6-30）。

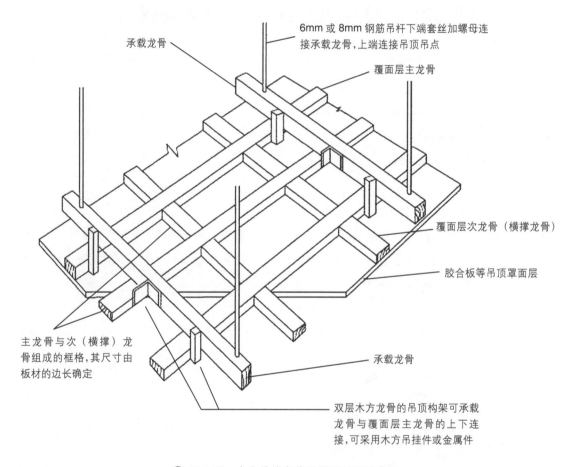

承载龙骨

6mm 或 8mm 钢筋吊杆下端套丝加螺母连接承载龙骨，上端连接吊顶吊点

覆面层主龙骨

覆面层次龙骨（横撑龙骨）

胶合板等吊顶罩面层

主龙骨与次（横撑）龙骨组成的框格，其尺寸由板材的边长确定

承载龙骨

双层木方龙骨的吊顶构架可承载龙骨与覆面层主龙骨的上下连接，可采用木方吊挂件或金属件

⊕ 图 6-30　木龙骨的安装及罩面吊顶示意图

（3）胶合板罩面：胶合板的安装宜由顶棚中间向两边对称排列，用蚊钉枪固定，钉眼用油性腻子抹平。板材正面的周边宜采用细刨按2～3mm宽度略做倒角处理，以利于后续工程的嵌缝工序的施工质量。

（4）完成后续工程：胶合板安装完毕，可根据设计要求完成后续工程，或是刮腻子并刷乳胶漆，或是裱糊壁纸，或是粘贴薄木饰面板，或是安装镜面玻璃等（图6-31和图6-32）。

（5）木龙骨胶合板罩面装饰吊顶常常配合槽灯设计，吊顶可以做成几个高低不同的层次，即为分层式吊顶（图6-33）。

🔆 图 6-31　顶面安装镜面玻璃能形成多层空间的效果

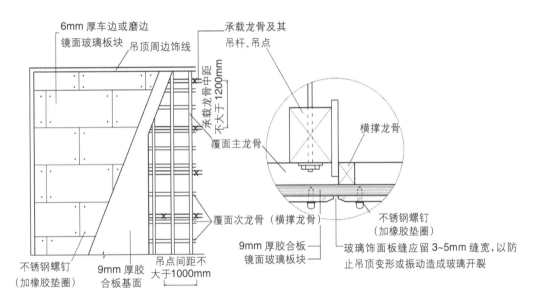

🔆 图 6-32　木龙骨吊顶以胶合板作基面安装镜面玻璃构造图

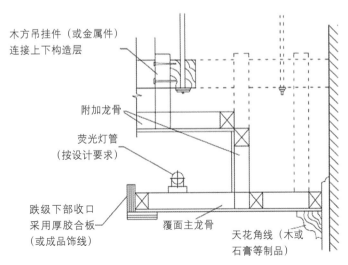

🔆 图 6-33　分层式吊顶与灯具结合的构造示意图

3. 金属板材装饰吊顶

1）材料特点

金属板材装饰吊顶主要是指采用铝合金材料制作成的条形和块形金属板以及栅格形板作为饰面层的吊顶。这种吊顶形式新潮现代、防火防潮、经久耐用、拆装简单方便，在居住空间主要用于卫生间和厨房。

块形金属板常用规格有 300mm×300mm、600mm×600mm，板厚度为 0.4～2.0mm 不等。条形金属板成品板材长度为 1000～5800mm，宽度尺寸一般为 70～300mm 不等，材料厚度通常为 0.5～1.2mm。

块形金属吊顶板适应各种形式的覆面龙骨，常采用搁置式明装或嵌入式暗装的活动安装方式。条形金属吊顶板一般均配有条板接长连接件，为方便施工时板材的延长。

2）块形金属吊顶板的施工工艺

（1）固定式贴面吊顶。吊顶基层采用木龙骨外罩胶合板（一般用五夹板），然后在其表面粘贴金属吊顶板饰面，为确保牢固可靠，可同时配合使用螺钉。

（2）搁置式明装吊顶。明装的金属吊顶板的板块四周带翼，可与 T 形轻钢龙骨或铝合金龙骨相配合，将板块平放搭装于 T 形龙骨的翼板上。搁置后的吊顶具有风格分明的装饰效果。

（3）嵌入式暗装吊顶。暗装金属天花板的板块折边不带翼，采用与板材相配套的特制具有夹簧效果的金属龙骨，可以使带折边的金属块形吊顶板很方便地嵌入固定。

3）条形金属吊顶板的施工工艺

（1）固定式安装。吊顶安装金属龙骨或木龙骨，其覆面层龙骨的设置与条形金属吊顶板的条形走向相垂直，用钉件将条板固定于龙骨上。龙骨为木方料时，采用木螺钉；龙骨为普通型钢时，采用螺栓；龙骨为薄壁型钢或铝合金型材时，可采用自攻螺钉。

（2）活动式安装。活动式安装是指选用其配套的金属龙骨，将金属条板直接卡嵌于金属龙骨上。

6.4　居住空间装饰预算与设计跟踪

6.4.1　居住空间装饰预算

装饰预算是指居住空间装修所需消耗的人力、物力的价值数量，它直接关系到室内空间的最终艺术效果。居住空间的装饰预算原来有一套严格的计费标准和计算公式，后来为了便于与客户交流，装饰公司在制定预算报表时，把装修预算变得简单化，如把人工费、材料费、机械费、价差等费用涵盖在直接费用里，换算成单位面积的价格，设计师在碰到新项目时，只要计算出项目的工程量再乘以单价即可。

当然，因为设计的标准和装修档次不同，同家公司的同个装修构件会有多种单价标准。在装修公司之间因装修定位、材料来源、人工等差异，也会造成同个装修构件的单价有差异。但一般来说，居住空间装修项目的工程造价基本都是由工程直接费、工程管理费和税金三部分组成。表6-3为武汉某装饰工程设计公司对某小区住宅的装饰报价。

6.4.2　设计跟踪

为了保证施工图的设计效果与施工单位装修出来的实物保持一致，设计师还要进行设计跟踪，除了和施工单位技术交底外，还要对选材进行把关。此外，应经常到工地现场指导，及时处理设计变更等问题，才能保证当初的设计理念能够实施，以达到理想的效果。

业主：童先生

表 6-3 武汉某装饰工程设计有限公司的项目报价表

日期：2016 年 11 月 3 日

预（决）算表

工程地址：统建天成美景

序号	项目名称	单位	数量	单价/元	合计/元	材料工艺及说明
一	**整体基础工程**					
1	墙体拆除	m²	8.4	100.0	840.0	①拆除；②装袋，垃圾运至楼下，不含垃圾外运；③工程量按展开面积计算；④高层建筑从第 10 层开始计算
2	包落水管	根	1	250.0	250.0	轻质砖或木结构钉钢丝网，单面用 1：2.5 水泥砂浆抹灰平整，可防潮
3	120mm 厚轻质砖砌墙	m²	9.8	120.0	1176.0	采用轻质砖，华新水泥，黄沙；工程量按展开面积计算
4	材料搬运费	项	1	2000.0	2000.0	从材料市场搬运上车至小区楼下，小件材料乘运电梯，大件板材、方材人力搬运上楼
5	材料运输费	项	1	1500.0	1500.0	从材料市场使用汽车运输至小区楼下
	小 计				5766.0	
二	**门厅工程**					
1	墙顶面乳胶漆	m²	12.0	40.0	480.0	腻子王刮腻子两遍，打磨，单色乳胶漆两遍，底漆一遍。毛坯墙基层处理另计
2	鞋柜	m²	5.6	800.0	4480.0	15mm 双层 E1 福汉木芯板，黑胡桃木饰面，包柜门铰链和抽屉滑轨，华润哑光 PU 清面漆（透明）
3	大门单面包门套	m	5.0	50.0	250.0	15mm E1 福汉木芯板框架，汉皇 9mm 板基层，黑胡桃饰面板及 60mm 实木线条收边
4	地面铺贴瓷砖	m²	4.0	150.0	600.0	华新水泥，黄沙，1：2 水泥砂浆找平，防水处理，素水泥贴面，白水泥勾缝（不含瓷片）
	小 计				5810.0	
三	**厨房工程**					
1	顶面铝方扣板吊顶（300mm×300mm）	m²	5.3	110.0	583.0	欧斯宝牌厚 0.7mm 优质铝扣板，配套龙骨及烤漆边条
2	墙面铺贴瓷砖	m²	21.6	75.0	1620.0	华新水泥，1：2 水泥砂浆找平，防水处理，素水泥贴面，白水泥勾缝（不含瓷片）
3	地面铺贴瓷砖	m²	5.3	120.0	636.0	华新水泥，黄沙，1：2 水泥砂浆找平，防水处理，素水泥贴面，白水泥勾缝，含入口分界石（不含瓷片）

第 6 章 设计施工与实践

续表

序号	项 目 名 称	单位	数量	单价/元	合计/元	材料工艺及说明
4	单面包门套	m	5.6	50.0	280.0	15mm E1 福汉木芯板框架,鹰冠 9mm 板基层,外饰汉皇黑胡桃饰面板及 60mm 实木线条收边
	小　计				3119.0	
四	客厅餐厅走道工程					
1	纸面石膏板造型吊顶	m²	8.3	60.0	498.0	30mm×40mm 湘杉木龙骨基层, 9mm 纸面石膏板面,自攻螺钉固定,接缝腻子填缝,接缝纸带封缝(不含批灰,涂料,布线)
2	墙顶面乳胶漆	m²	96.9	40.0	3876.0	腻子王刮腻子两遍,打磨,单色乳胶漆两遍,底漆一遍,按白色墙面编制,毛坯墙面基层处理另计
3	TV墙造型	m²	8.1	400.0	3240.0	30mm×40mm 湘杉木龙骨基层, 9mm 纸面石膏板面,自攻螺钉固定,接缝腻子填缝,接缝纸带封缝(不含批灰,涂料,布线),表面墙纸饰面
4	餐厅玄关装饰柜	m²	2.8	800.0	2240.0	15mm 双层 E1 福汉木芯板,黑胡桃木饰面,华润哑光 PU 清面漆(透明),硝基漆局部饰面,包柜门铰链5mm 压花玻璃造型,表面墙纸饰面
5	梭拉门单面包门套	m	6.9	40.0	276.0	15mm E1 福汉木芯板框架,鹰冠 9mm 板基层,外黑胡桃饰面板及 60mm 实木线条收边,华润哑光 PU 清面漆(透明)
	小　计				10130.0	
五	卫生间工程					
1	顶面铝方扣板吊顶 (300mm×300mm)	m²	4.5	110.0	495.0	欧斯宝牌厚 0.7mm 优质铝扣板,配套龙骨及烤漆边条
2	墙面铺贴瓷砖	m²	24.8	120.0	2976.0	华新水泥,黄沙, 1:2 水泥砂浆找平,防水处理,素水泥贴面,白水泥勾缝(不含瓷片)
3	地面铺贴瓷砖	m²	4.5	60.0	270.0	华新水泥,黄沙, 1:2 水泥砂浆找平,防水处理,素水泥贴面,白水泥勾缝,含入口分界石(不含瓷片)
4	单面包门套	m	5.1	40.0	204.0	15mm E1 福汉木芯板框架,鹰冠 9mm 板基层,外饰黑胡桃饰面板及 60mm 实木线条收边,华润哑光 PU 清面漆(透明)
5	塑钢成品门	扇	1	1000.0	1000.0	优质成品塑钢门及门套,安装到位
6	卫浴玻璃柜	m²	1.32	600.0	792.0	15mm E1 福汉木芯板框架,汉皇 9mm 板基层,外饰防火板,无门
	小　计				5737.0	
六	书房工程					
1	墙顶面乳胶漆	m²	20.2	40.0	808.0	腻子王刮腻子两遍,打磨,单色乳胶漆两遍,底漆一遍,按白色墙面编制,毛坯墙面基层处理另计

序号	项目名称	单位	数量	单价/元	合计/元	材料工艺及说明
2	单面包窗套	m	6.7	40.0	268.0	15mm E1福汉木芯板框架，鹰冠9mm板基层，外饰黑胡桃饰面板及60mm实木线条收边，华润哑光PU清面漆（透明）
3	外挑窗台铺大理石	m	1.4	100.0	140.0	1：2.5水泥砂浆，厚度30mm以内，不包含大理石台面，超过部分按找平层算
4	双面包门套	m	5.0	80.0	400.0	15mm E1福汉木芯板框架，鹰冠9mm板基层，外饰黑胡桃饰面板及60mm实木线条收边，华润哑光PU清面漆（透明）
5	实木成品门及油漆	扇	1	3000.0	3000.0	优质成品实木门，华润哑光PU清面漆（透明）
	小计				4616.0	
七	次卧工程					
1	墙顶面乳胶漆	m²	31.2	40.0	1248.0	腻子王刮腻子两遍，打磨，单色乳胶漆两遍，底漆一遍，按白色墙面编制，毛坯墙面基层处理另计
2	单面包窗套	m	6.9	40.0	276.0	15mm E1福汉木芯板框架，鹰冠9mm板基层，外饰黑胡桃饰面板及60mm实木线条收边，华润哑光PU清面漆（透明）
3	外挑窗台铺大理石	m	1.6	100.0	160.0	1：2.5水泥砂浆，厚度30mm以内，不包含大理石台面，超过部分按找平层算
4	衣柜	m²	7.95	1500.0	11925.0	15mm E1福汉木芯板框架结构，内衬家饰宝，包抽屉滑轨，3mm黑胡桃木板饰面，黑胡桃木线条收口，华润哑光PU清面漆（透明）
5	双面包门套	m	5.0	80.0	400.0	15mm E1福汉木芯板框架，鹰冠9mm板基层，外饰黑胡桃饰面板及60mm实木线条收边，华润哑光PU清面漆（透明）
6	实木成品门及油漆	扇	1	3000.0	3000.0	优质成品实木门，华润哑光PU清面漆（透明）
	小计				17009.0	
八	主卧工程					
1	墙顶面乳胶漆	m²	42.0	40.0	1680.0	腻子王刮腻子两遍，打磨，单色乳胶漆两遍，底漆一遍，按白色墙面编制，毛坯墙面基层处理另计
2	单面包窗套	m	8.0	40.0	320.0	15mm E1福汉木芯板框架，鹰冠9mm板基层，外饰黑胡桃饰面板及60mm实木线条收边，华润哑光PU清面漆（透明）
3	外挑窗台铺大理石	m	2.1	100.0	210.0	1：2.5水泥砂浆，厚度30mm以内，不包含大理石台面，超过部分按找平层算

第6章 设计施工与实践

续表

序号	项目名称	单位	数量	单价/元	合计/元	材料工艺及说明
4	衣柜	m²	6.72	1500.0	10080.0	15mm E1 福汉木芯板框架结构，内衬家饰宝，包抽屉滑轨，包滑轨，3mm 黑胡桃木板饰面，黑胡桃木线条收口，华润哑光 PU 清面漆（透明）
5	双面包门套	m	5.0	80.0	400.0	15mm E1 福汉木芯板框架，鹰冠 9mm 板基层，外饰黑胡桃饰面板及 60mm 实木线条收边，华润哑光 PU 清面漆（透明）
6	实木成品门及油漆	扇	1	3000.0	3000.0	优质成品实木门，华润哑光 PU 清面漆（透明）
	小　计				15690.0	
九	阳台工程					
1	地面铺贴瓷砖	m²	6.5	80.0	520.0	华新水泥，黄沙，1:2 水泥砂浆找平，防水处理，素水泥贴面，白水泥勾缝（不含瓷片）
	小　计				520.0	
十	水电工程					
1	电源线铺设（强电）	项	1	8000.0	8000.0	武汉二厂电线，单股线穿塑优质 PVC 管入墙铺设
2	电视线、网线、电话线铺设（弱电）	项	1	2000.0	2000.0	深圳秋叶原牌，网线加厚屏蔽
3	水路铺设	项	1	3000.0	3000.0	金牛 PPR 热水管及弯头配件
	小　计				13000.0	
十一	总计				81397.0	
A	工程直接费				81397.0	
B	工程管理费＝工程直接费×10%				8139.7	
C	税金＝(A+B)×3.69%				3303.9	
D	工程总造价＝A+B+C				92840.6	

工程补充说明

1	此报价不含物业管理处所收任何费用，管理处所收费用由甲方承担
2	施工中项目数量如有增加或减少，则按实际施工项目数量结算工程款
3	水电工程数量为估算，以现场实际施工的数量为准结算
4	本预算不包乳胶漆（底漆＋面漆），柜门拉手，房门锁，房门合页，衣柜挂衣竿，门吸，地漏；不含洁具，灯具，瓷片，瓷砖边条，成品梭拉门，梭拉门滑轨，橱柜，玻璃镜面，地板及配套龙骨，开关，插座，空开及漏电保护开关等

1．技术交底

施工图纸绘制完成后，设计师要依据施工图向施工队进行技术性的交代。交代的目的是使参与施工的人员对施工项目从设计情况、技术特点、材料要求、技术要求以及施工工艺等方面有一个较为详细的了解，以便科学地施工、合理地安排工序，避免发生错误或操作失误。为了便于存档和交接，要使用书面材料将特殊工序的具体做法、技术要求、施工方法、材料情况和操作规程等进行书面交底，施工队按照书面材料的内容进行施工，避免发生差错和纠纷。

2．材料选择

材料的选择受到类型、价格、产地、厂商、质量等要素的制约。在一个相对稳定的时间段内，某一类或某一种材料用得比较多，这是受新型材料的涌现、社会的攀比和从众心理以及客户的要求等多方面的影响，就设计师来说，材料作为室内装修设计最基本的要素，应该依据设计理念的界定进行选择，而不是一定非要使用流行的或昂贵的材料。

材料的色彩、图案、质地是选择的重点，设计师在实际的项目工程中选择材料要注意以下几点。

（1）避免装修材料对人体的伤害。材料的选择应符合室内环境保护的要求，人长时间待在居住空间里，所以材料的放射性、挥发性要格外注意，以免对人体造成伤害。

（2）遵循适用性原则。室内装饰是一种综合性的消费艺术。在选购装饰材料时，应在依据现实生活需要的基础上，以深层次的鉴赏力和审美观设计，避免盲目攀比、追求奢华、浪费钱财。

（3）注重实地选材，不迷信材料样板。一般来说材料样板和实地材料的真实效果是有出入的，因此，设计师要到材料市场实地考察，确保实际空间中材料的运用符合设计初衷。

3．现场指导

施工监理是设计实施过程中的必备环节，装饰公司都配备有专业人员负责工地的施工监督与协调。作为设计师，无论有无监理的任务，都要在施工的关键阶段亲临现场进行指导，根据施工的实际情况和施工工人随时可能提出的相关提议，进行必要的方案修改和补充，有义务按照阶段检查工程的施工质量，直至最后参加工程的竣工验收，并为绘制竣工图做准备。

设计师亲临施工现场也是总结设计经验的一个最好的机会，通过设计方案的实施，总结经验、吸取教训，同时也对新的工艺做法、材料的使用等有一个深入的认识和了解，以便更好地进行下一个项目的设计与实施。

4．设计回访

设计师还应该在施工中期和项目竣工以后对客户进行回访，回访的主要形式是电话沟通。施工中期的回访主要是向客户询问施工管理、施工效率、施工监理、项目经理等各方面的工作是否令客户满意，对回访中客户提出的问题，要详细记录，告知相关责任人及时处理，并对处理结果进行跟踪回访。项目竣工以后的回访主要是在项目完工后半年之内，向客户询问设计效果、工程质量、服务态度、后期保修是否满意等，对回访中客户提出的问题要怀着真诚的态度来处理。

设计回访是设计师提高设计水平、提高接单率的一个有效办法，也是企业传播品牌知名度及美誉度的一个有效途径。真诚的设计回访一方面可以给客户留下良好的印象；另一方面也可以进一步了解自己的设计得失，有助于设计师总结经验教训，提高自己的设计水平。

参 考 文 献

[1] 邱晓葵. 国际环境设计精品教程：居住空间设计图解 [M]. 北京：中国青年出版社，2015.

[2] 吴承钧. 建筑装饰材料与施工工艺 [M]. 郑州：河南科学技术出版社，2019.

[3] 原广司,凤凰空间出品. 空间——从功能到形态 [M]. 南京：江苏科学技术出版社，2017.

[4] 黑崎敏. 住宅设计终极解剖书 [M]. 北京：化学工业出版社，2018.

[5] 理想 • 宅. 室内设计数据手册：空间与尺度 [M]. 北京：化学工业出版社，2019.